R 로 쉽게 시작하는 빅데이터 분석

이안용·박은수 공저

(주)광문각출판미디어
www.kwangmoonkag.co.kr

Preface

시대의 흐름으로 인한 선진국들은 인구 감소, 저성장, 고령화 문제, 개발도상국들의 경제 성장 등으로 인하여 많은 부분에서 위기감을 느끼고 있다. 이러한, 위기를 기회로 만들기 위해서 독일은 'Industrial 4.0', 미국은 'Industrial internet', 일본은 'Industrial Intelligence'로 불리는 기술 선점을 통해 새로운 도약을 준비하고 있다. 이러한 기술의 키워드로 인터넷(Internet), 클라우드(Cloud Computing), 빅데이터(BigData), 인공지능(Artificial Intelligence) 등으로 많은 전문 분야의 기술들이 융합되어 빠르게 변화되어 가고 있다. 공장 자동화는 3차 산업혁명에 디지털 혁명으로 파생된 인터넷, 데이터, 인공지능이 결합되면서 똑똑한 공장인 스마트 팩토리(Smart Factory)로 발달하게 된다. 스마트 팩토리를 구성하는 기본 셀(Cell)의 중심에는 자동화의 핵심인 IoT, PLC, 로봇 등이 있으며, 제조 산업의 자동화 공정에서 각각의 셀 단위로 동작하는 것도 중요하지만, 각각의 셀의 정보를 공유하면서 전체 공정이 하나의 자동화 장비로 동작할 수 있도록 서로 간의 정보를 공유하는 부분이 매우 중요하게 되어 가고 있다. 게다가 인간이 하던 일을 대체하기 위한 수단으로 로봇이 적용되고 있으며, 자동화 분야 이외의 의료, 서비스 등 다양한 분야에서 응용되고 있다.

이 책은 빅데이터를 분석하기 위한 기초부터 R을 이용하여 DB 데이터 연계 및 영상 처리 분석에 대해서 설명하고 있다.

1장에서는 빅데이터 분석을 하기 이전에 4차 산업혁명에서 빅데이터 분석의 필요성에 대해서 알아보고, 2장에서는 빅데이터 분석을 하기 위한 분석 프로그램으로 R에 대한 사용법에 대해서 다루었다. 3장에서는 데이터 전처리 과정의 필요성과 중요성에 대한 설명과 데이터 시각화하는 부분에 대해서 다루었다. 4장에서는 빅데이터를 이용한 모델링과 데이터베이스를 연계하는 방법에 대해서

Preface

설명하였으며, 자동화 공정에 적용되는 예제를 통해서 빅데이터 분석에 대한 이해를 돕고 있다. 5장에서는 비정형 데이터인 이미지에 대한 분석을 하기 위해서 색상 분류, 경계 검출 그리고 OpenCV를 이용한 얼굴 인식에 대해서 다루고 있으며, tenserflow를 연동하여 MNIST 이미지를 기반으로 머신러닝을 학습하여 이미지 분류에 대해서 설명하였다.

마지막으로 초심자도 이해하기 쉽도록 R을 사용해서 빅데이터 분석에 대한 전반적인 이해와 다양한 예제를 통해 빅데이터 분석 전문가로 한발자국 더 나아갈수 있었으면 한다.

이안용, 박은수

Contents

Contents

Contents

Contents

I

빅데이터 개요

01. 4차 산업혁명의 주요 기술

이번 단원에서는 4차 산업혁명의 핵심 기술인 빅데이터에 대해서 살펴보며, 장점과 필요성에 대해서 설명하고 있다. 게다가 주요 기술로 빅데이터를 이용한 다양한 사례와 데이터 기반의 인공지능에 대한 개념과 특성에 대해 살펴본다.

I
빅데이터 개요

II
R 시작하기

III
데이터 탐색

IV
예측 모델링과 선형 회귀

V
디지털 영상 처리

VI
부록

CHAPTER 01 >> 4차 산업혁명의 주요 기술

학습
목표

1. 4차 산업혁명의 핵심 기술인 빅데이터에 대해서 이해하고 설명할 수 있다.

2. 빅데이터를 이용한 다양한 사례에 대해서 이해하고 설명할 수 있다.

3. 데이터 기반의 인공지능에 대한 개념과 특성에 대해서 이해하고 설명할 수 있다.

1 빅데이터

1) 빅데이터 개요

빅데이터 분석의 영향은 개인/기업뿐 아니라 국가적인 차원으로 활용 영역이 확대되고 있다. 통신 인프라 발전과 스마트폰의 대중화, 인스타그램 등 SNS가 활성화되면서 비정형 데이터양이 폭발적으로 증가되고 있다. 또한, 기업에서는 사물인터넷과 센서를 활용하여 스마트 공장 구축을 위한 기반 구축에 나서는 등 사회적으로나 경제적으로 중요성이 점점 증가하고 있다.

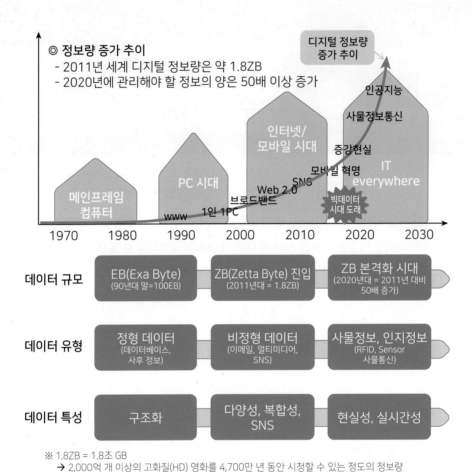

[그림 I-1-1] ICT 발전에 따른 데이터의 변화 방향

기업들은 빅데이터 분석을 통해 소비자가 필요로 하는 것을 보다 명확하게 분석하고 트렌드를 예측하여 신제품이나 서비스 개발에 반영할 수 있으며, 지속 성장을 위한 판단을 보다 유리하게 할 수 있게 되었다. 국가적 차원에서도 빅데이터 분석 시스템을 적용하여 재난, 질병, 정치적 급변 등의 예측에 활용하고 있다.

글로벌 컨설팅 기업 맥킨지는 세계 경제 상황을 VUCA[변동성(Volatility), 불확실성(Uncertainty), 복잡성(Complexity), 모호성(Ambiguity)]의 키워드로 묘사하였다.

[표 I-1] VUCA 시대의 데이터 비교

	일반적인 데이터	VUCA 시대의 데이터
데이터 형태	정형 데이터 (양식에 맞게 규격화된 기록)	정형, 반정형, 비정형 데이터
데이터 소스	일부에 국한, 소수의 생산자	스마트폰, IoT 등 다양한 기기 및 장치
관련 기술	관계적 데이터베이스	클라우드형 컴퓨팅 및 스토리지
분석 방법	통계적 집계/분석	머신러닝, 딥러닝
분석 목적	과거 분석, 인사이트 도출	예측, 최적화, 지능화
활용 사례	CRM(고객 관계 경영) BI(비즈니스 인텔리전스)	상품(콘텐츠) 추천 부정행위 적발(Fraud Detection)

기업의 빅데이터 활용이 증가하고 있으며, 하루에 사용되는 데이터양으로 보면 트위터에서 생성되는 피드(트웨터에서 주고받은 데이터)은 80GB이다.

GE가 제조한 가스터빈 엔진의 날개에 있는 하나의 센서가 하루에 생성해 내는 데이터는 520GB이다. 이와 같이 고객 맞춤형 대량 생산(Mass Customization)은 빅데이터 기반으로 의사결정의 적시성과 효과를 높이고 선제적 의사결정의 기반을 마련할 수 있다.

[표 I-2] 인터넷 경영과 빅데이터 경영

	인터넷 경영	빅데이터 경영
정의	인터넷을 활용해 비즈니스 실현	빅데이터를 활용하여 비즈니스 실현
방법 키워드	연결, 개발, 참여, 소통	발견, 인사이트, 지식, 새로운 비즈니스
사례	• 인터넷으로 잔액 조회, 대출 • 아마존의 도서 판매	• 빅데이터 분석으로 수익성 높은 고객 선별해서 핀셋 마케팅 • 구글의 맞춤 광고, 아마존의 개별 마케팅(소비 성향 파악을 통하여 판매 예측)

제조업에서도 빅데이터를 활용하고 있으며, 생산 설비에서 발생하는 데이터들을 실시간 분석하여 문제를 발견할 경우 조기 경보를 통해 품질 저하 및 설비의 훼손을 막는 작업을 데이터 분석을 통해 적용한다. 이와 같이 정형적인 데이터를 활용하기 때문에 분석이나 활용에

한계가 있다. 빅데이터는 정량적인 것보다는 정성적이고 비정형화된 데이터를 구현하기 위해서는 기반 기술(통신, 영상 기술, 사물인터넷 등)을 필요로 한다.

영상 기술의 진보와 센서 기술의 발달로 데이터를 모으는 기술이 보다 쉽게 구현되며, 미세한 표면의 영상 데이터나 설비의 위치, 이상 상태 등 제조 조건에서 부터 제조 과정, 검사 결과까지의 대규모 데이터를 확보할 수 있다.

대용량의 데이터를 저장하고 분석할 수 있는 부품의 확보와 역량으로 범용 설비를 사용함으로써 생산 과정에서 생겨나는 데이터의 양 자체가 적었을 뿐 아니라 데이터를 저장 및 보관하고 분석할 설비 및 역량이 부족했기 때문에 생성된 데이터 활용이 되지 않던 부분을 제조업이 공정 관리(MES), 공급망 관리(SCM) 등에서 활용이 가능하다.

사물인터넷(IoT)과 기계 ICT 융합으로 사람과 센서/지능을 사물(thing)에 탑재하고, 인터넷 등과 상호 연결하여 각종 정보를 수집하여 각종 설비에서 얻게 되는 빅데이터를 활용하여 감시, 정보 분석, 예지, 예방, 최적화함으로써 항상 정상 가동 상태를 유지하고, 고장을 예지하여 보전하는 활동이 가능하다.

2) 빅데이터의 정의

기본 데이터보다 데이터의 양, 주기, 형식 등이 너무 방대하여 기존의 방법이나 도구로 수집, 저장, 분석 등이 어려운 엄청나게 많은 양의 정형 및 비정형 데이터이며. 기존 데이터베이스 관리도구의 능력을 넘어서는 대량(수백 테라바이트)의 정형 또는 데이터베이스 형태가 아닌 비정형의 데이터 집합조차 포함한 데이터에서 가치를 추출하고 결과를 분석하는 기술이다.

[표 I-3] 빅데이터의 정의

기관	빅데이터 정의
Gartner (2012)	• 대용량(high volume), 초고속(high velocity) 및 다양성(high variety)의 3V 특성을 가진 대용량 데이터를 활용 및 분석하여 가치 있는 정보를 추출하고, 이를 기반으로 생성된 지식을 이용하여 변화에 능동적으로 대응하기 위한 전략을 수립할 수 있는 정보화 기술 및 자산

McKinsey (2011)	• 일반적인 데이터베이스 소프트웨어 도구가 수집, 저장, 관리, 분석하기 어려운 대규모의 데이터 세트 • 수백 테라바이트에서 향후 페타(Peta), 엑사(Exa), 제타(Zeta)바이트 크기의 대용량 데이터
삼성경제연구소 (2013)	• 좁은 의미: 보통 수십에서 수천 테라바이트 정도의 거대한 크기를 갖고, 여러 다양한 비정형 데이터를 포함하고 있으며, 생성-유통-소비(이용)가 몇 초에 몇 시간 단위로 일어나 기존의 방식으로는 관리와 분석이 매우 어려운 데이터의 집합 • 넓은 의미: 기본의 방식으로는 관리와 분석이 매우 어려운 데이터의 집합, 그리고 이를 관리/분석하기 위해 필요한 인력과 조직 및 관련 기술까지 포괄함
국가정보화 전략위원회 (2011)	• 대용량 데이터를 분석하여 가치 있는 정보를 만들어 내고, 생성된 지식을 기반으로 기업 등에서는 비즈니스를 위한 능동적인 변화를 예측 및 대응하기 위한 정보 기술
금융위원회 (2015)	• 일반적인 기술로는 저장, 관리, 분석이 어려울 정도로 큰 규모를 가진 데이터를 의미하며 빅데이터는 3V(Volume, Variety, Velocity)로 정의 - Volume : 전수조사에 근접한 표본 - Variety : 구조화 데이터 + SNS, 위치 전도 등 비구조화 데이터 - Velocity : 과거 트렌드 분석에서 벗어난 실시간 분석 가능

3) 빅데이터의 특징

2001년에 더그 레이니(Doug Laney)가 주장한 3V로 통칭되는 크기(Volume), 다양성(Variety), 속도(Velocity) 및 복잡성에서 방대한 데이터에 있는 인사이트(insight)를 어떻게 활용하는 지가 중요하다.

[그림 I-1-2] 빅데이터의 3가지 특징

(1) 데이터 크기(Volume)

시스템의 데이터 처리 용량, 데이터 크기, 양을 말하는 것으로 빅데이터는 매일 새로운 데이터가 생성·저장되면서 시간의 흐름에 따라 누적되고, 일반적으로 중요하지 않았으며 연관성이 없던 외부 데이터의 중요성이 강조됨에 따라 데이터의 깊이와 폭이 확장되는 속성이다.

(2) 데이터의 다양성(Variety)

다양한 형태의 정형 데이터와 사진, 이미지, 오디오, 비디오, 소셜 미디어 데이터, 로그 파일 등과 같은 비정형 데이터를 처리하기 위한 기술의 유연성이 요구되며, 제조 기술 분야와 설비에 사용되는 각종 센서 및 영상 데이터도 비정형 데이터로 약 90%를 차지하고 있다.

(3) 데이터 속도(Velocity)

실시간으로 데이터가 생성될 때 데이터를 처리하는 속도를 나타내는 것으로 데이터의 실시간 처리로 데이터의 생성, 저장, 시각화 과정을 빠른 속도로 나타내며, 데이터와 관련한 시간 차원의 속성으로 신속성, 적시성, 최신성 등으로 급변하는 환경 속에서 경쟁 우위를 확보하는 원천이라고 하여 시간 기반 경쟁 이론과 함께 발전한다.

(4) 빅데이터 활용 이점

빅데이터 고급 분석은 비즈니스 인사이트를 제공하게 되면서 많은 기업에게 다양한 분야의 생산성을 증가시키고, 비용 절감 등 다양한 장점을 제공하는 것으로 이어지기 때문에 빅데이터의 활용은 지속적으로 증가할 것이다.

[그림 I-1-3] 기업의 빅데이터 활용

(5) 빅데이터 활성화 영향 요인

① 산업의 급격한 변화: 불확실성이 증가하고 수요 패턴의 변화와 인구의 다양성, 경쟁
   사들의 신기술 도입과 제품의 증가, 생산 기술 난이도 증가, 유통망의 복잡함은 정부 정
   책 및 관련 법규의 복잡성 증가와 더불어 환경적 요인등의 복합적인 영향이 있다.

② 기술적 요인 : 기존 데이터는 형식이 정해져 있는 정형적 데이터로 전통적인 데이터베
   이스 방법으로 관리할 수 있지만 영상, 그림, 문자, 음성 등의 비정형 데이터의 급속한
   증가로 인하여 처리 및 관리하기 위한 공공 분야의 빅데이터 기반의 플랫폼을 구축하
   기 위해서 프로토콜 등 구체적인 표준이 마련되어야 한다.

③ 조직적 요인 : 기업 규모, 집중화 정도, 공식화, 관리 조직, 인적자원, 이용 가능한 여유
   자원까지 포함하는데 조직 특성 중 조직의 규모에 따라 조직이 가지는 개혁성, 유연성
   측면에서 차이 그리고 조직 문화로 나타난다. 또한, 적정한 수준의 인적 역량 확보와 의
   사소통, 교육훈련 등을 통해서 역량을 확보한다.

④ 데이터베이스 요인 : 데이터 처리에 있어서 GIGO(Garbage In Garbage Out)로 기초 데이
   터의 중요성을 강조하는 것으로 부정확한 데이터나 미흡한 데이터 관리는 조직에 대한
   신뢰성 저하 및 이미지 실추 등으로 데이터 품질 경영에 저해 요소가 될 수 있으며, 데
   이터들을 명확하게 분류하고 검증 작업을 수행함과 동시에 수집되는 데이터의 정확성,
   객관성, 신뢰성을 확보하는 것이 중요하다.

⑤ 빅데이터 생태계 : 빅데이터를 활용한 가치 창출을 위해 각 구성 요소들의 유기적 관
   계로 형성되는 네트워크를 의미한다.

I
빅데이터 개요

II
R 시작하기

III
데이터 탐색

IV
예측 선형 회귀 모델링과

V
디지털 영상 처리

VI
부록

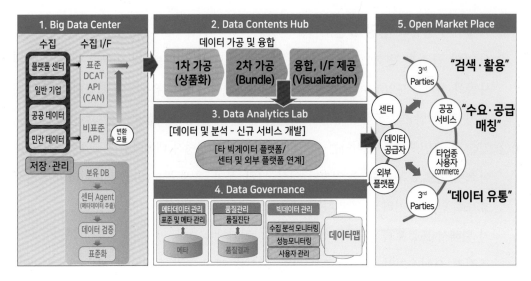

[그림 I-1-4] 빅데이터 생태계

ⓐ 거버넌스(governance) : 생태계의 구성 요소들을 관리/지원하는 개체로서 초기 시장에서 각 구성 요소들의 유기적 관계가 원활하도록 활성화 및 지원하는 역할을 담당하며, 역할자로 정부 기관, 진흥 기관, 교육 연구 기관 등이 있다. 정부 기관은 빅데이터 비즈니스 개체들이 시장에서 활동하기 위한 기반 인프라 지원 및 초기 시장의 비즈니스 활성화를 위한 제도적 지원뿐만 아니라 정부 예산을 투입하여 기술 개발 등 지원하는 역할을 담당한다.

ⓑ 데이터 보유자 : 대규모의 데이터를 보유하고 있는 개체를 의미하며, 데이터 특성에 따라 공공 데이터, 민간 데이터(기업 or 개인 보유 데이터)와 소셜 데이터, 센싱 데이터 등으로 분류할 수 있으며, 자동 또는 수동으로 원시 데이터, 가공된 데이터를 보유/관리하는 개체이다.

ⓒ 인프라 제공자 : 빅데이터 서비스를 이용하기 위한 기술 및 인프라를 관리하는 개체군으로 HW, SW, 네트워크 등으로 분류한다. 또한, 데이터 경제에서는 데이터를 자유롭게 생산하고 유통할 수 있는 기반이 중요하기 때문에 장기적으로 인프라 제공 산업의 경쟁력을 강화하는 것이 국가적으로 필요로 한다.

ⓐ 서비스 제공자 : 빅데이터를 이용하여 가치를 창출하는 개체군이며, 데이터 수집 및 저장 서비스, 데이터 처리 서비스, 데이터 분석 서비스, 시각화 서비스 등으로 분류할 수 있다. 단순히 SW만이 아니라 서비스를 제공하기 위한 인력, 컨설팅 등을 포함한다.

ⓜ 서비스 이용자 : 빅데이터가 만들어 낸 가치를 소비하는 개체를 의미하며, 서비스를 이용하는 기관의 속성에 따라 정부 및 공공 기관, 민간 기관(기업 및 단체), 개인 등으로 분류할 수 있으며, 소비자로서 시장에서 서비스를 구매하여 이용하는 과정에서 새로운 데이터를 생산하는 역할도 수행한다.

(6) 빅데이터 발전 과정

① 데이터는 라틴어 데이텀(datum)의 복수형으로 주어진 것(thing given)이라는 의미하며, 1946년 전송 가능하고 저장할 수 있는 컴퓨터 정보라는 의미한다(계산하거나 측정하는 데 기초가 되는 내용으로 사용됨).

② 빅데이터는 1997년 ACM의 VIS(Proceeding of the 8th conference on Visualization)학회에서 Cox와 Ellsworth가 더 이상 데이터 저장소에 담을 수 없는 사태를 맞이할 것이라는 문제를 제기하면서부터 데이터 집합(data sets)은 급격히 증가되고 있으나 이를 다루는 주기억 장치나 로컬 디스크 및 원격 디스크 등의 증가 속도는 이에 미치지 못하거나 한정되어 있는데 이를 빅데이터의 문제라고 언급한다.

③ 빅데이터 현상(phenomenon)은 2000년대에 전례 없이 발전한 데이터 기록 및 저장 기술에 의해서 물리학, 생물학, 사회과학 등 다양한 과학 영역에서 사용 가능하고 잠재 가치가 있는 데이터의 양이 폭발하는 것을 언급한다(빅데이터는 일종의 유행이나 트렌드를 넘어 최근에는 컴퓨터 처리 능력의 향상으로 새로운 학문 및 비즈니스 영역으로 발전하고 있음).

(7) 빅데이터 처리 기술

① 클라우드(Cloud) : 전통적인 데이터베이스(DB)나 시스템 환경에서 처리하기 힘든 대용

I 빅데이터 개요

II R 시작하기

III 데이터 탐색

IV 예측 선형 회귀 모델링과

V 디지털 영상 처리

VI 부록

량 데이터를 저장·분석·처리해 가치 있는 정보로 만들어 내는 일련의 과정을 거치기 위한 컴퓨팅 기술이 필요하다. 수억 또는 수십 억의 비정형 파일로부터 정보를 추출하기 때문에 데이터양이 방대하여 고성능 컴퓨터를 이용할지라도 처리에 한계가 있으므로 여러 대의 서버가 나누어 처리하도록 하는 병렬 처리 시스템인 클라우드 컴퓨팅을 사용한다.

② 하둡(Hadoop) : 대용량 데이터 처리를 위해 개발된 오픈소스 소프트웨어로 클라우드 컴퓨팅을 이용해 안정적이고 효과적으로 빅데이터를 처리할 수 있으며, 여러 개의 저렴한 컴퓨터를 마치 하나인 것처럼 묶어 대용량 데이터를 처리하는 기술로 데이터의 위치를 추적하는 방식으로 분산 파일 시스템을 구현한다.

③ 데이터 마이닝(Data Mining) : 대규모로 저장된 데이터 안에서 체계적이고 자동적으로 통계적 규칙이나 패턴을 찾아내는 것이다(KDD: Knowledge Discovery in Databases, 데이터베이스 속의 지식 발견). 데이터를 선별하고 수집하고 수집된 데이터는 누락되거나 엉뚱한 값을 걸러내는 정제 과정을 거쳐서 통합과 변환을 거치게 되며, 통계학에서 패턴 인식에 이르는 다양한 계량 기법을 사용한다.

텍스트 마이닝, 오피니언 마이닝(Opinion Mining, 감성 분석), 소셜 네트워크 분석, 군집 분석 등 분석 시 고려할 사항은 자료에 의존하여 현상을 해석하고 개선하려고 하기 때문에 자료가 현실을 충분히 반영하지 못한 상태에서는 정보를 추출한 모형을 개발할 경우 잘못된 모형을 구축하는 오류를 범할 수 있다.

㉠ 데이터 마이닝은 데이터 분석을 통해 아래 분야에 적용 가능하다.

- 분류(Classification) : 일정한 집단에 대한 측정 정의를 통해 분류 및 구분을 추정함.
- 군집화(Clustering) : 구체적인 특성을 공유하는 군집을 찾음.
- 연관성(Association) : 동시에 발생한 사건 간의 관계를 정의함.
- 연속성(Continuity) : 특정 기간에 걸쳐 발생하는 관계를 규명함.
- 예측(Prediction) : 대용량 데이터 집합 내의 패턴을 기반으로 미래를 예측함.

ⓒ 분석 단계별 요소 기술

[표 I-4] 빅데이터 처리 프로세스

	내용	관련 기술
수집	데이터 선정, 세부계획 수립, 수집 실행을 통해서 여러 데이터 소스로부터 필요로 하는 데이터를 검색하여 단순한 데이터 확보만이 아닌 검색, 수집, 변환 과정을 통해 데이터를 확보하는 과정	• 빅데이터 수집(서버, 단말, IoT 센서 등에서 네이트워크 이용)
저장 및 관리	수집한 데이터들을 정형, 비정형, 반정형의 형태 등 다양한 형식의 데이터를 저장하고 데이터 검색, 수정, 삭제 등 관리하는 과정	• DB 관리 시스템 • 하둡 분산 파일 시스템(HDFS)
처리	수집한 데이터를 적재하기 위해 필요 없는 데이터, 깨진 데이터, 데이터 세트에서 원하는 부분한 추출 등 데이터 세트의 폼을 바꾸는 과정	• 실시간 처리 • 분산 병렬 처리 • 메모리/DB 처리
분석	데이터를 효율적으로 분석하기 위해서 데이터 가공 후 수학적 기법을 적용하여 통계 분석, 딥러닝, 머신러닝 등을 통해 예측, 분류 등의 분석하는 과정	• 데이터/텍스트 마이닝 • 통계/예측 분석 • 최적화, 평판 분석 • 소셜 네트워크 분석
시각화	분석 결과 자료를 시각화하는 과정으로 그래프, 스프레드 시트, 인포그래픽 등 다양한 형태로 직관적이고 보기 편하게 시각화하는 과정	• 편집 기술 • 정보 시각화 기술 • 시각화 도구

(8) 빅데이터 적용 범위

국내 빅데이터 시장은 소셜 분석 서비스가 가장 활발하게 성장하고 있다. 다음소프트, 그루터, 사이람, 솔트룩스, 마인즈랩 등과 같은 소셜 분석 전문 업체들은 소셜 빅데이터를 기반으로 마케팅 분석 및 사회/정치적 현상 등을 분석하고 서비스를 제공한다. 오라클, EMC, IBM, SAP, MS 등 글로벌 IT 기업들이 국내 업체와 제휴하여 국내 빅데이터 시장에 진출하여 경쟁하고 있다.

I 빅데이터 개요

II R 시작하기

III 데이터 탐색

IV 예측 모델링과 선형 회귀

V 디지털 영상 처리

VI 부록

① 구글 트렌드 분석을 통한 예측

2016년도 미국 트럼프 대통령 당선을 예측한 구글 트렌드는 구글 등을 통해 실시간 반응을 집계할 수 있는 특성이 있으며, 실제 이용자들의 검색량을 활용할 수 있다.

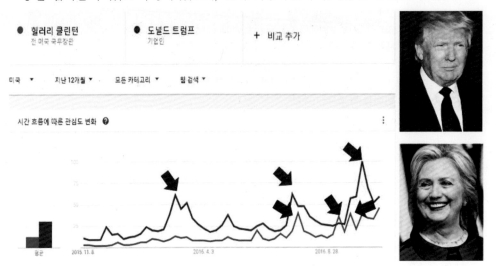

[그림 I-1-5] 미국 대통령 선거 당시 구글 검색 추이

② 날씨와 빅데이터

글로벌 기업들은 기후 변화로 인한 리스크를 사업 기회로 삼아 기상·기후 빅데이터를 활용하여 기후 변화를 미래 성장 동력으로 전환하고 있으며, 세계적인 제약 업체인 클락소스미스클라인(GSK), 노바티스(Novartis), 사노피아벤티스(Sanofi-Aventis) 등은 다년간의 기상·기후 빅데이터를 분석하여 기온 상승에 따른 말라리아, 뎅기열 등의 전염병 피해 발생 규모를 사전에 예측하여 예방하는 제품 생산에 꾸준히 투자를 증대하고 있다. 기업 운영에 필요한 의사 결정 및 마케팅에 접목시켜 매출 증대, 재해 예방 등에 활용하는 활동을 날씨 경영이라고 부른다.

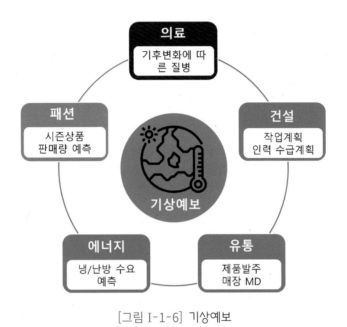

[그림 I-1-6] 기상예보

③ 산업 분야에서 빅데이터 활용 유형

[표 I-5] 빅데이터를 활용 사례

	활용 분야	설명	적용 기업
서비스	연료 비용 최적화	트럭에 센서를 장착하여 위치 정보, 정체시간, 공회전 시간, 휘발유 잔량 등 900건의 항목을 실시간으로 취합(40% 연료비 절감)	• US 익스프레스
	고장 예측	기기에 부착한 각종 센서로부터 오류 정보를 수집하고, 분석하여 고장이나 장애의 징조를 파악	• 후지 제록스의 품질관리 시스템
	사고 감지	네트워크의 돌발 상태나 고장을 실시간으로 파악하여 고객의 네트워크나 제품의 조합을 분석, 비교, 대조하여 호환성이 낮은 제품의 문제점 파악	• 시스코 시스템즈
	소프트웨어 서비스 개선	소프트웨어 기능의 사용 이력 데이터를 수집하여 거의 사용하지 않은 기능은 업그레이드 시 삭제 변경 제공	• 세일즈포스팟컴, 슬랙, 아틀라시안 등 SaaS 서비스 회사

차량 정체 예측	자동차가 주행하는 위치나 속도 등의 정보를 사용해 생성된 교통 정보를 차량 정체와 같은 도로교통 정보 제공	• 도요타, 닛산, 혼다 등 (카 내비게이션 시스템 활용)
전략 수요 예측	전력 사용 상황을 감시하여 전력 소비 패턴 검출하여 수요 예측	• 센트리카(영국), 남부캘리포니아 에디슨, 퍼시픽가스&일렉트릭
주식시장 예측	수백만 트윗 중 주식시장과 관련한 트윗 10% 분석 경계, 평온, 활기 등으로 투자 심리별 분류 시장 예측(1.85% 실적)	• 더웬트캐피털마켓츠 (영국)

2 인공지능

1) 인공지능 개요/정의 및 특징

인공지능(AI, Artificial Intelligence or Machine Intelligence)은 인지, 학습, 문제 해결, 패턴 인식 등 인간이 가지고 있는 지적 능력 일부 또는 전체를 컴퓨터를 이용해 구현하는 지능에서 시스템에 의해 만들어진 지능이다.

[표 I-6] 인공지능 기관별 정의

기관	정의
옥스퍼드 사전	시각적 인식, 언어 인지, 결정 및 언어 간의 번역 등과 같이 인간의 지능이 필요한 일을 정상적으로 수행할 수 있게 하는 컴퓨터 시스템들의 이론 및 개발
John McCarthy(1956)	지능적인 기계를 만드는 엔지니어링 및 과학
Charniakand McDermott (1985)	여러 계산 모델들을 사용하여 인간의 정신적인 지능들을 연구하는 것
Kurzweil(1990)	인간에 의해서 수행될 때 필요한 지능에 관련된 기능을 제공하는 기계를 만들어내는 작업

2. 인공지능 **25**

I
빅데이터 개요

II
R 시작하기

III
데이터 탐색

IV
예측 모델링과 선형 회귀

V
디지털 영상 처리

VI
부록

Schalkof(1991)	인간의 지능적인 행동 양식들을 계산적인 과정을 이용해 모방하고 설명하는 것에 대한 연구 분야
Gartner(웹페이지)	인공지능은 특별한 임무 수행으로 인간을 대체할 수 있고, 인지 능력을 제고할 수 있으며, 자연스러운 인간의 의사소통 통합 및 복잡한 콘텐츠를 이해하고 결론을 도출하는 과정 등 인간이 수행할 수 있도록 고안된 하드웨어 및 소프트웨어 시스템으로 정의
BCC Research(2014)	스마트 기기는 불확실하거나 다양한 환경에서 업무를 수행할 수 있도록 고안된 하드웨어 및 소프트웨어 시스템으로 정의
NIA(한국정보화진흥원)	인공지능은 인간의 학습 능력을 추론하고, 지각하며, 이해하는 능력 등을 실현하는 기술
Merriam-Webster	컴퓨터에서 지능적인 행동을 시뮬레이션하는 컴퓨터 과학 분야, 지적인 인간 행동을 모방하는 기계 능력

2) 역사적 고찰

인공지능을 사고적인 측면과 행동의 측면 그리고 인간적 측면과 합리적 측면을 네 가지 범주로 분류하여 나타낼 수 있다.

[표 I-7] 네 가지 범주로 분류된 인공지능의 정의

	인간적인 측면	합리적 측면
사고적 측면	• 인간적 사고 - 컴퓨터가 생각하게 하는 흥미롭고 새로운 노력, 문자 그대로 완전한 의미에서 마음을 가진 기계[존 해걸랜드(John Haugeland), 1985] - 인간의 사고, 의사결정, 문제 풀기, 학습 등의 활동에 연관시킬 수 있는 활동들의 자동화(Bellman, 1978)	• 합리적 사고 - 계산 모형을 이용한 정신 능력 연구(Chamiak & McDermott, 1985) - 인지와 추론, 행위를 가능하게 하는 계산의 연구(Winston, 1992)
행동적 측면	• 인간적 행동 - 인간의 지능이 요구되는 기능을 수행하는 기계의 제작 기술(Kurzwell, 1990) - 현재 인간이 더 잘하는 것들을 컴퓨터가 하게 만드는 방법에 대한 연구(Rich&Knight,1991)	• 합리적 행동 - 계산 지능은 지능적 에이전트의 설계에 관한 연구(Poole 외, 1998) - 인공지능은 인공물의 지능적 행동에 관련된 것(Nilsson, 1998)

(1) 인간적 사고

인간 정신세계에 접근하기 위한 방법으로 심리학적 실험을 하거나 뇌영상 촬영을 통하여 뇌를 관찰함으로써 정신에 관한 충분히 정밀한 이론을 얻어 하나의 컴퓨터 프로그램으로 표현하는 것이며, 프로그램 입출력 행동이 그에 대응되는 인간 행동과 부합한다면 그것은 프로그램의 일부 메커니즘이 안정적으로 작동하는 증거로 한다.

① 인지과학

인간이나 동물의 실험을 기초로 하여 조사가 이루어지고 있으며 이를 바탕으로 컴퓨터 프로그램에 알고리즘을 적용하여 인간적 사고에 가깝도록 하는 좋은 모형을 만드는데 기여할 것이다(신경생리학적 증거가 계산 모형으로 사용되고 있는 것).

② 인간적 행동

튜링 테스트는 인공지능이 인간과 같은 반응을 할 수 있는지 판단하기 위한 테스트로 앨런 튜링(Alan Turing, 1950)에 의해 고안되었다.

> ➡ 어떤 사람이 다른 곳에 있는 두 사람과 채팅으로 이야기하고 있는데, 이 중 하나는 인간이고 하나는 컴퓨터로, 테스터가 둘 중 어느 쪽이 인간이고 어느 쪽이 컴퓨터인지를 판별하지 못하면 튜링 테스트에 합격하는 것이다.

㉠ 성공적인 의사소통을 위한 자연어 처리한다.

㉡ 알고 있는 것과 들은 것들을 저장하기 위한 지식의 표현한다.

㉢ 저장된 정보를 이용하여 질문에 답하고 새로운 결론을 도출하기 위한 자동 추론한다.

㉣ 새로운 상황에 적응하고 패턴들을 외삽하기 위한 머신러닝 등의 능력이다.

③ 합리적 사고

1965년에 논리학 표기법으로 서술된 그 어떤 문제도 원칙적으로 풀 수 있는 프로그램이 만들어진다(해가 존재하지 않으면 프로그램은 무한 루프에 빠짐). 논리주의자의 전통은 지능적 시스템을 생성하는 것과 비슷한 프로그램이 구축되어야 한다. 비형식 지식을 지식 표기에 필요한 형식적 용어로 표현하기가 쉽지 않으며 문제를 원칙적으로 풀 수 있는 것과 실제로 푸는 것은 다른 것이다. 사실관계가 단 몇백 개 정도인 문제라도 어떤 추론 단계를 먼저 시도할 것인지에 대한 기준이 정해지지 않는다면 컴퓨터는 풀 수가 없다. 계산적인 추론 시스템을 구축하려는 시도에도 불구하고 논리적 접근 방식에 드러나게 된다.

④ 합리적 행동

- 컴퓨터 에이전트(agent, 대리자, ~을 하다)는 자율적으로 작동하고, 자신의 환경을 인지하고, 장기간 행동을 유지하고 변화에 적응하고, 목표를 만들고 추구해야 한다.
- 합리적 에이전트(rational agent)는 최상의 결과를 내도록 행동하는 에이전트이다.

⑤ 인공지능 시스템

인공지능을 탑재하여 실세계의 문제를 해결하기 위해 특정한 문제 영역으로부터 필요한 데이터를 받아들여서 내부 시스템을 통하여 처리하고 이를 대화 또는 행위로 출력하는 인공지능을 응용한 체계이다.

특정한 문제 영역에 대해 그 문제 영역에 대한 지식 중에서 필요한 데이터를 받아들이고, 의사 결정이나 적절한 행동을 취하기 위한 정보를 생성하기 위해서 추론하는 방식이다.

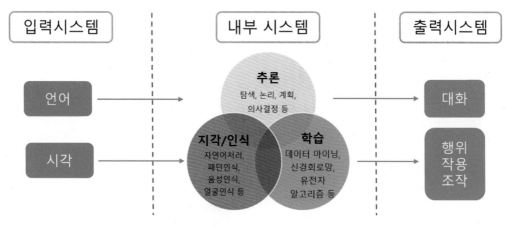

[그림 I-1-7] 인공지능 시스템의 기능적 구성

⑥ 약한 인공지능, 강한 인공지능, 초인공지능

인공지능을 인간과 같이 사고하는 시스템, 인간과 같이 행동하는 시스템, 이성적으로 생각하는 시스템, 이성적으로 행동하는 시스템을 분류하기도 한다.

[표 I-8] 인공지능 수준별 특징

구분	특징
약한 인공지능 (Artificial Narrow Intelligence)	• 정의된 알고리즘을 포함하여 데이터 및 규칙을 입력하고 입력된 것을 기반으로 학습이 가능하다. • 입력된 규칙을 넘어서는 창조 행위를 할 수 없다. • 인간의 감정을 가지거나 인간과 같이 복합적인 사고를 할 수 없다.
강한 인공지능 (Artificial General Intelligence)	• 다양한 영역에서 스스로 생각하고 판단하며 학습할 수 있으며, 자의식을 갖는 수준이므로 명령을 거부할 수도 있다. • 데이터에 대한 사전 정의가 필요하지 않고 규칙의 입력 행위가 없어도 인공지능 스스로 데이터를 찾아 학습이 가능하다. • 입력된 규칙에 한정되지 않고 능동적으로 학습이 가능하다.
초인공지능 (Artificial Super Intelligence)	• 순환적 자기 개선(recursiveself improvement)으로 스스로 자신에게 필요한 프로그램을 반복 프로그램하여 자기보존, 자원획득, 창의성 등의 원초적 욕구를 기반으로 발전 가능하며, 인간의 지적 및 인식 능력 등을 뛰어 넘어 끊임없이 자가발전하는 것이 특징이다.

(2) 인공지능 발전 역사

뉴런은 인간의 대뇌 신피질에 약 100억 개 이상이며, 서로 다른 뉴런들과 연결되어 정보를 전달하는 기능을 수행한다. 인간의 유전자 배열을 해석한 것이 인간 게놈으로, 사람의 뉴런 배선은 인간 커넥톰이다.

[표 I-9] 생물학적 신경세포와 인공신경망

신경세포(뉴런) 신경망	인공 신경망
세포체	뉴런
수상돌기	입력
축삭돌기	출력
시냅스	가중치

생물학적 신경세포(뉴런) 구성	신경세포(뉴런)과 인공 신경망의 대응 관계

2. 인공지능 29

I 빅데이터 개요

II R 시작하기

III 데이터 탐색

IV 예측 선형 회귀 모델링과

V 디지털 영상 처리

VI 부록

① 1943년 미국 일리노이대학의 맥컬록(Warren S. McCulloch)과 논리 과학자인 파츠(Walter Pitts) 교수는 단순화하여 나타내었다.

  ㉠ 하나의 사람 뇌 신경세포를 하나의 이진(Binary) 출력을 가진 단순 논리 게이트로 설명한다.

  ㉡ 여러 개의 입력 신호가 가진 돌기(Dendrite)에 도착하면 신경세포 내에서 하나의 신호를 통합하고, 통합된 신호값이 어떤 임계값을 초과하면 하나의 단일 신호가 생성되며, 이 신호가 축삭돌기(Axon)를 통해 다른 신경세포로 전단하는 것으로 정의한다(MCP 뉴런, McCulloch-Pitts).

② 1957년 코넬항공연구소의 로젠블래트(Frank Rosenblatt)는 MCP 뉴런 모델을 기초로 하여 퍼셉트론(Perceptron) 학습 규칙을 제안하였다.

  ㉠ 하나의 MCP 뉴런이 출력 신호를 발생할지 안 할지 결정하기 위해 MCP 뉴런으로 들어오는 각 입력값에 곱해지는 가중치 값을 자동적으로 학습하는 알고리즘을 제안한다(인공지능 구현 이론의 기초가 됨).

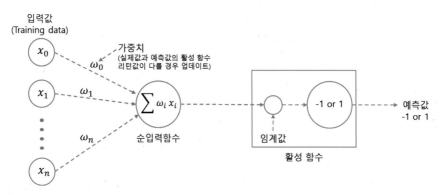

[그림 I-1-8] 로젠블래트가 제안한 퍼셉트론 알고리즘 개념도

③ 인공지능의 역사를 보다 보면 인공지능의 암흑기가 두 번 존재하는데, 그중 첫 번째 암흑기를 유발한 이유 중 하나가 이 XOR 문제와 관련이 있다. XOR은 디지털 회로에서 언급하는 배타적 논리합을 표현하는 논리 회로와 같다.

역전파(backpropagation) 알고리즘이 등장하기 전까지 이런 복잡한 레이어를 여러 개 가진 모델을 어떻게 학습하느냐에 대한 대안 제시가 없어 연구가 한동안 중단되게 된다. 두 번째 암흑기는 컴퓨터의 처리 속도의 한계로 인하여 다층 신경망의 제한적 기능과 복잡한 계산이 필요한 신경망 연구가 정체되었다.

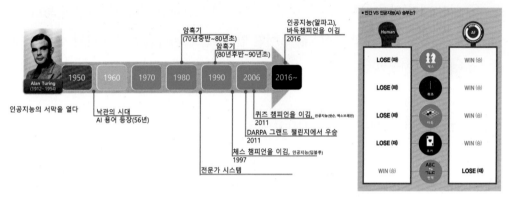

[그림 I-1-9] 인공지능의 역사

㉠ 1956년 존 매카시(John McCarchy), 마빈 민스키(Marvin Minsky), IBM의 수석 과학자 클로이드 섀넌(Claude Shannon), 나다니엘 로체스터(Nathaniel Rochester)가 개최하며, 이커머스 컨퍼런스에서 인공지능이라는 용어가 처음 사용된다(매카시, '학습의 모든 측면 또는 지능의 다른 모든 특징은 기계로 정밀하게 기술할 수 있고 이를 유사하게 모방할 수 있다.'라고 주장하였지만 하드웨어의 저장능력과 컴퓨터 처리 속도가 방법론을 뒷받침하지 못함).

㉡ 1990년 저장 장치와 연산 장치 등 하드웨어 기술을 비약적으로 발전하고 이를 실시간으로 처리하는 기술이 발전하였으며, 인터넷의 출현과 데이터가 디지털화하면서 빅데이터가 발생하였으며, 인공지능 구현의 토대가 구축된다.

(3) 기술 동향

① 인공지능 : 기계학습 방법론(Machine Learning) ➔ 2006년 딥러닝 방법론(Deep Learning)

- 딥러닝은 인공지능 발전의 인지, 학습, 추론과 같은 인간 지능 영역의 전 과정에 거쳐 혁신적인 진화를 가져왔다.

[표 I-10] 인공지능 기술

기술 분류	내용
기계학습	인간이 경험을 통해 학습하는 방식을 컴퓨터로 구현하는 기술이며, 데이터 기반의 학습 모델을 형성하거나 최적의 모델을 찾기 위한 알고리즘 기술
지식 추론	정보에 대한 가정과 전제로부터 결론(지식)을 끌어내거나 도출해 내는 기술이며, 개별적 정보를 이해하는 단계를 넘어 정보 간 복잡한 관계를 파악하여 표현하는 기술
시각 지능	이미지/영상 등 시각 정보로부터 객체(사람, 사물 등)를 인식하고 감정이나 상황 등을 이해하는 기술
언어 지능	인간의 언어(텍스트, 음성 등)를 컴퓨터가 인식하고 이해하며 지식화하는 기술

[그림 I-1-10] 인공지능, 머신러닝, 딥러닝

② 기계학습(Machine Learning) : 데이터를 기반으로 인지, 이해 모델을 형성하거나 컴퓨터가 스스로 학습하여 최적의 해답을 찾기 위한 학습 지능이다. 기본적인 규칙만 주어진 상태에서 입력받은 정보를 활용해 스스로 학습하는 것이다.

> 과거에는 설계자가 직접 모델링하는 단계 → 머신러닝 기반의 인공지능 발전으로 스스로 데이터를 반복 학습하는 단계

③ 인공 신경망 : 인간의 뉴런 구조를 본떠 만든 머신러닝 모델이다.

④ 딥러닝(Deep Learning) : 입력과 출력 사이에는 인공 뉴런들을 여러 개 층층히 쌓고 연결한 인공 신경망 기법으로, 단일 층이 아닌 실제 뇌처럼 여러 계층으로 되어 있다.

> ➥ 뉴로모픽 컴퓨팅 : 인공 신경망을 하드웨어적으로 구현한다.

㉠ 머신러닝 기술에 기반을 두어 인간의 두뇌를 모방한 인공 신경망(Artificial Neural Networks) 이론을 근거로 인간의 뉴런과 유사한 입력 계층 및 복수의 은닉 계층(Hidden Layer)을 활용하는 학습 방식으로 컴퓨터 스스로가 인지, 추론, 판단하는 방식의 알고리즘이다.

㉡ 인간이 직접 컴퓨터에 상황과 조건을 입력하는 것에 대해서만 제한적으로 응답을 하던 원리에서 인간이 입력하지 않아도 학습할 내용을 자동으로 찾아내고 스스로 학습을 진행하는 것이다(자동으로 데이터에서 학습할 수 있음).

㉢ 다층의 레이어를 통해 데이터를 학습하는 방법으로 CNNs, RNNs 등의 알고리즘 등장으로 기계가 데이터를 통해 자신만의 규칙을 생성하여 정보를 학습할 수 있다. 통신 기술의 발달로 인터넷에 의해 축적된 방대한 양의 데이터에서 오는 빅데이터와 이를 처리하기 위한 컴퓨팅 및 저장 능력의 향상이 필요하다.

이미지 연상 관리 기술을 활용하면 생산에서는 품질 관리 영역을 고도화할 수 있으며, 마케팅 영역에서는 소비자 구매 행동 영역을 보다 더 심화시켜 나갈 수 있으며, 은행 소프트웨어, 의학적 진단, 제조 생산성 향상 및 각종 검색 엔진 등 여러 산업 분야에 적절히 활용되고 있다.

㉣ 글로벌 IT 기업들은 딥러닝 기술 기반 플랫폼을 오픈소스로 공개하고 있으며, 기계학습 관련 기술 중 가장 빠르게 적용 및 활용될 것으로 전망이다.

• Google사는 텐서플로우라는 그래픽 방식의 기계학습 오픈소스 라이브러리를 외부로 공개하여 배포하고 있으며 모바일과 임베디드 기기에 최적화한 텐서플로우 라이트를 출시하였다.

• Microsoft사는 번역 기술, 음성 인식, 이미지 인식 등 관련 기술의 학습을 위한 오픈

소스 기술인 CNTK(Cognitive Toolkit)을 자사에서 직접 이용 및 외부로 공개 하였다.

- 국내의 경우 삼성전자는 딥러닝 응용 프로그램 개발을 위한 분산형 플랫폼인 베레스를 오픈소스로 공개 하였다.

[표 I-11] 딥러닝 주요 알고리즘

알고리즘	내용
CNNs (Convolution Neural Network, 합성곱신경망)	• 이미지의 특징을 추출하는 필터 역할을 하는 컨볼루션 레이어를 적용하여 효율적 이미지 처리 • 고차원의 이미지 인식 및 분류에 주로 활용
RNNs (Recurrent Neural Network, 순환신경망)	• 현재의 입력값에 과거의 정보를 결합하여 순서를 고려한 학습 모델 • 데이터의 순서가 중요한 시계열 분석 및 언어 처리 등에 활용

(4) 인공지능 시장 전망

인공지능의 발전 속도는 향후 10여 년간이 60년간의 변화를 압도할 것으로 전망된다. 세계 인공지능 시장 규모는 지속적으로 성장할 것으로 예측하며, IT 분야를 넘어 전 산업 분야에서 파괴적 기술 혁신을 통해 산업 구조의 변화를 야기하고, 사회 제도 변화까지 유발할 것으로 기대된다.

[표 I-12] 인공지능 활용 분야

활용 분야	정의 및 사례
마케팅	고객에게 맞는 메시지를 전달하기 위해 소비자들의 구매 성향을 파악, 사용자의 이미지, 패턴, 연관성 분석 등으로 취향을 파악하여 개인에게 맞는 맞춤형 광고를 제공(페이스북 등)
콘텐츠 추천	수많은 콘텐츠를 분석하여 사용자에게 가장 적합한 콘텐츠와 광고를 추천함(넷플릭스, 페이스북 등)
쇼핑	상품을 추천하고 소비자의 구매 결정을 도와주는 가상 쇼핑 기능을 제공하여 재고 관리 시스템과 사이트 레이아웃 개선을 함(아마존고 등)

I 빅데이터 개요

II R 시작하기

III 데이터 탐색

IV 예측 선형 회귀 모델링과

V 디지털 영상 처리

VI 부록

자율주행차	주행 상황을 분석하여 학습하고 운전자의 개입 없이 주변 환경을 인식하고 주행 상황을 스스로 판단하여 주행(구글, 테슬라 등) 구글이 미국 교통안전국으로부터 레벨4(정해진 환경 내에서 운전자 개입 없이 고도 자율 운행) 평가를 받음
의료	최신 임상 연구 결과와 환자의 생체 데이터를 근거로 최적의 맞춤형 치료법을 제공하여 의사 결정 지원, 웨어러블 스마트 기기의 보급과 사물인터넷의 발달로 의료 데이터가 급증[IBM의 왓슨(Watson) 등]
제조	인공지능을 활용한 다양한 스마트 공장 환경 조성, 공장 IoT를 통한 다양한 설비 데이터를 수집한 후 작업량과 수요를 예측, 설비의 예방 정비 및 공정간 제어를 연계하여 공정 간 품질 결함을 예측하거나 공정 제어에 인공지능을 적용하여 생산성 제고(지멘스, GE 등)

01. 빅데이터 개념적 정의에 대해서 작성하시오.

02. 빅데이터의 3V에 해당하지 않는 것은 ?

① 속도(Velocity)   ② 규모(Volume)

③ 가치(Value)   ④ 다양성(Variety)

03. 빅데이터 생태계 구성 요소와 거리가 먼 것은 ?

① 인브라 제공자   ② 데이터 보유자

③ 서비스 이용자   ④ 인터넷 관리자

04. 기업의 빅데이터 활용에 대한 전략적 가치 부문에 대해서 설명하시오.

05. 데이터 마이닝에 대해서 설명하시오.

06. 인공지능의 분류에 해당되지 않는 것은 ?

① 약한 인공지능   ② 강한 인공지능

③ 서비스 인공지능   ④ 초인공지능

07. 약한 인공지능과 강한 인공지능에 대해서 비교 설명하시오.

08. 머신러닝과 딥러닝의 정의와 특징에 대해서 각각 설명하시오.

09. 인공지능과 빅데이터의 관계성에 대해서 설명하시오.

II

R 시작하기

01. R과 R 스튜디오
02. 데이터 입/출력

이번 단원에서는 R을 사용하기 위한 설치 방법에서부터 기본적인 문법에 대해서 설명하고 있다. 또한, 데이터 입력과 출력에 대한 방법과 데이터 시각화에 대한 중요성과 기본 그래프에 대해 살펴본다.

I
빅데이터 개요

II
R 시작하기

III
데이터 탐색

IV
예측 선형 회귀
모델링과

V
디지털 영상 처리

VI
부록

CHAPTER 01

R과 R 스튜디오

학습 목표

1. R을 사용하기 위한 설치 순서 및 방법에 대해 설명할 수 있다.
2. R의 기본적인 문법에 대해 설명할 수 있다.
3. 데이터의 팩터와 리스트에 대해 설명할 수 있다.

1 R 언어

R은 통계를 포함한 데이터 분석 작업에 활용할 목적으로 개발된 프로그래밍 언어 중 하나로, 1993년 뉴질랜드 오클랜드 대학의 로스 이하카(Ross Ihaka)와 로버트 젠틀맨(Robert Gentleman)에 의해 통계 프로그래밍 언어인 S-PLUS의 무료 버전 형태이다. 문서 편집, 이메일 송신 등의 애플리케이션 프로그램을 만들기에는 적합하지 않지만, 데이터 관리 및 분석하는 데 효율적이며 데이터를 다루기 위해서 다양한 기능을 제공한다.

1) R 언어의 특징

(1) 데이터 분석에 특화된 언어

① R은 통계를 포함한 데이터 분석 작업에 활용할 목적으로 개발된 언어이다.

② R은 컴파일 과정 없이도 바로 실행하여 결과를 확인할 수 있다.

③ R로 작성한 것을 '프로그램'이 아니라 '스크립트'(script)라고 한다.

④ R은 사용자층이 두텁기 때문에 다양한 커뮤니티가 존재한다.

　㉠ 초보자를 위한 학습 자료도 풍부하게 존재한다.

　㉡ 국내 검색 사이트를 통해서 찾을 수 있는 한글 자료들이 증가하는 추세이다.

　㉢ R 커뮤니티(Community) : https://www.r-bloggers.com/

⑤ 다양한 패키지 제공

　㉠ R은 데이터 분석에 사용되는 함수들을 종류별로 묶어 패키지 형태로 제공한다.

　㉡ 데이터 분석에 필요한 거의 모든 기능이 제공한다. 최신 이론이 발표되면 바로 R 패키지가 만들어지기 때문에 신속하게 최신 이론을 데이터 분석에 활용하는 것이 가능하다.

　㉢ 시각적이고 기능적인 통계 그래프 제공하므로 데이터 분석에 있어서 분석 결과를 시각적으로 표현하는 것은 매우 중요하다. R에서는 ggplot, ggplot2 등 다른 패키지 추가를 통해 시각적으로 직관적이며 기능적인 그래프를 쉽게 작성할 수 있도록 지원한다.

⑥ 편리한 프로그래밍 환경

　㉠ R 프로그래밍을 위한 통합 개발 환경으로 R 스튜디오가 제공되어 모든 작업을 R 스튜디오 내에서 처리할 수 있다.

　㉡ 프로그램 작성·실행·수정 등 여러 작업을 수행하려면 보다 편리한 작업 환경이 필요하다. 이러한 작업 환경을 통합 개발 환경, IDE(Integrated Development Environment)라고 한다.

　㉢ R은 무료로 사용할 수 있는 오픈소스(open source) 소프트웨어로 1년에 1~2차례 정기

적으로 업데이트가 이루어져 지속적으로 기능이 향상한다. R은 윈도우 환경뿐만 아니라 리눅스, 맥OS 환경에서도 설치 및 사용이 가능하다.

2) R 스튜디오

R은 프로그램을 작성하고 실행하기 위한 소프트웨어이고, R 스튜디오는 R 프로그래밍을 편리하게 작업할 수 있도록 도움을 주는 보조 소프트웨어이다. R을 먼저 설치하고 R 스튜디오를 설치한다(설치 방법은 부록 1의 설명 참조).

(1) R 스튜디오에서의 명령문 실행

① R 명령문 이해하기

```
a <- 1:20
print(a)
4*(1+2)
```

㉠ a <- 1:20은 1~20 사이에 있는 숫자들을 a에 저장하는 명령문인데, <- 는 오른쪽에 있는 것을 왼쪽에 저장하라는 의미이다.

㉡ print(a)는 저장된 내용을 화면에 출력하는 명령문 print( )와 같은 형식으로 일반적으로 많이 사용되는 함수이다.

㉢ 4+(1*2)는 숫자와 산술연산자(+, *)로 구성되어 괄호의 연산자부터 실행한 후에 남은 연산자를 실행하는 명령문이다.

> **TIP**
>
> 연산자 우선순위 순서는 괄호(( )) → 거듭제곱(^(Caret), **) → 곱하기(*), 나누기(/) → 더하기(+), 빼기(-) 순으로 괄호가 가장 순위가 높다.

㉣ 실행 버튼으로 명령문 실행하기 위해서는 소스창 상단의 실행 버튼( )을 클릭하면 명령문이 실행된다.

I 빅데이터 개요

II R 시작하기

III 데이터 탐색

IV 모델링과 예측 선형 회귀

V 디지털 영상 처리

VI 부록

ⓜ 현재 커서가 위치하고 있는 라인의 명령문이 실행되며, 명령문을 실행하고 나면 커서는 다음 줄로 이동한다.

ⓑ 실행 버튼을 클릭하여 한 줄씩 순차적으로 명령문을 실행할 수 있다.

```
> a <- 1:20
> print(a)
[1]  1  2  3  4  5  6  7  8  9 10 11 12 13 14 15 16 17 18 19 20
> 4*(1+2)
[1] 12
```

② 단축키로 명령문 실행하기

단축키를 사용하면 쉽게 명령문을 실행할 수 있다.

[표 II-1] 명령문 실행 단축키

명령어 실행	단축키
한 줄의 명령문 실행	커서를 명령문이 있는 줄로 이동 후 Ctrl + Enter
여러 줄의 명령문 실행	명령문들을 블록 설정한 후 Ctrl + Enter
소스창에 있는 모든 명령문 실행	Ctrl + Alt + R
바로 직전 명령문 재실행	Ctrl + Shift + P

㉠ 불완전한 명령문 실행하기

```
> 4 + (1 * 2
+
```

괄호를 하나 빠뜨리고 실행하면 R은 명령문이 덜 입력되었다고 판단한다. R은 콘솔창 프롬프트에 더하기(+) 기호를 표시하고 나머지 명령문이 입력될 때까지 기다린다. 이럴 때 괄호를 넣어 명령을 완료하거나 〈Esc〉를 눌러 명령문을 취소할 수 있다.

Ⓛ 잘못된 명령문 실행하기

```
> print(b)
Error in print(b) : 객체 'b'를 찾을 수 없습니다
```

b의 내용을 출력하는 명령문인데 b의 내용이 무엇인지를 앞에서 정의해 주지 않았기 때문에 이것은 잘못된 명령문이다. R이 명령문을 이해할 수 없거나 정상적으로 수행할 수 없을 때 그 이유를 설명하는 붉은색의 에러 메시지(error message)를 출력한다.

Ⓒ 작성한 프로그램을 파일로 저장하려면 메인 메뉴에서 [File]-[Save], [File]-[Save As]를 클릭하거나 또는 소스창 바로 위에 있는 저장 아이콘(🖫)을 클릭한다. R 프로그램 파일의 확장자 이름은 일반적으로 *.R 이 붙이거나, R 스튜디오 작업을 종료할 때 대화상자를 볼 수 있는데, 현재 작업 중인 내용과 환경을 그대로 저장했다가 다음에 이어서 작업을 하고 싶은 경우 [Save] 버튼 클릭한다.

③ R 스튜디오의 화면 재구성

R 스튜디오에서 사용자는 내부의 창 배치를 변경할 수 있다. 콘솔창의 위치를 옮기려면 메인 메뉴에서 [View] ➔ [Panes] ➔ [Console on Right]를 선택하면 된다. 또는 [View] ➔ [Panes] ➔ [Pane Layout]을 클릭하면 옵션창에서 각 영역에 어떤 창을 배치할지보다 자유롭게 선택할 수 있다.

콘솔창 재배치 메뉴

레이아웃 변경 옵션

④ 옵션(Option)창

R 스튜디오에서 각 영역에 나타나는 창의 폰트 종류, 폰트 크기, 배경 테마 등도 사용자가 변경 가능하다. 메인 메뉴에서 [Tools] ➔ [Global Options]를 선택한 후 Options 창에서 [Appearance] 항목을 클릭 후 원하는 내용으로 설정을 바꾼 다음 [Apply] 버튼을 클릭하면 수정한 내용이 반영된다.

⑤ 산술연산자

```
> 1+2
[1] 3
> (4+2)*9
[1] 54
> 2^4              # 2의 네제곱 계산
[1] 16
```

2^4은 2의 네제곱을 의미하며 2*2*2*2와 동일한 결과이며, R은 한 줄씩 명령문을 실행하여 결과를 보여 주는 방식으로 동작한다. R은 명령문을 바로 실행하는 인터프리터(interpreter) 방식의 언어로 별도의 컴파일을 통해 .exe 형태의 실행 파일을 만들지 않으며, 이를 스크립트(script) 언어라고 부른다. '*'와 '^'와 같이 기존에 알고 있던 수학 기호와 R에서 사용하는 산술연산자의 모양이 다른 것도 있지만 대부분은 비슷하다.

⑥ 연산자

연산자는 프로그램에서 특정한 작업을 하기 위해 사용하는 +, -, *, <-, &와 같은 기호를 말하며, 연산의 성격에 따라 산술연산자, 비교연산자, 논리연산자 등이 있다.

연산자	의미	사용 예
+	덧셈	1+2+3
-	뺄셈	5-3

*	곱셈	2*3
/	나눗셈	6/2
%%	나눗셈의 나머지	16%%7
^	제곱	2^4

⑦ 주석

명령문 옆에 있는 #(해시 기호)은 주석(comment)이다. '#' 기호로 시작하며, 명령문 또는 프로그램이 어떤 일을 하는지 쉽게 이해할 수 있도록 사용자가 설명을 달아 주는 기능을 할 수 있다. 주석은 실행 명령문이 아니므로 R은 주석을 제외하고 실행한다.

⑧ 명령문과 주석문

㉠ 일반적으로 R 프로그램에서는 한 줄에 하나의 명령문을 입력한다.

㉡ 줄 내에서 # 이후의 내용은 주석문으로 간주하여 실행되지 않는다.

```
> 3+6
[1] 9
> # 2^4
```

⑨ 산술연산 함수

산술연산은 연산자 외에도 함수(function)를 사용하여 계산할 수 있다.

```
> log(20)+4        # 로그함수
[1] 6.995732
> sqrt(16)         # 제곱근
[1] 4
> max(10,9,6)      # 최댓값
[1] 10
```

⑩ 로그함수, 제곱근, 최댓값 등을 구하는 함수를 각각 사용한다.

[표 II-2] R에서 사용하는 산술연산 함수

함수	의미	사용 예
log( )	로그함수	log(10), log(10,base=2)
sqrt( )	루트 함수	sqrt(36)
max( )	최댓값	max(3,9,5)
min( )	최솟값	min(3,9,5)
abs( )	절댓값	abs(-10)
factorial	팩토리얼	factorial(5)
sin( ), cos( ), tan( )	삼각함수	sin(pi/2)

(2) 패키지의 개념

패키지(package)은 R의 기본 함수 이외에 새로운 알고리즘, 다양한 시각화 그래프, 다른 언어를 끌어와 사용 등을 지원할 수 있도록 해주는 함수들을 기능별로 묶어 놓은 일종의 꾸러미이며, 어떤 작업을 하느냐에 따라 필요한 패키지도 달라진다. 스스로 패키지를 만들어 사용할 수도 있으며, 공식 패키지가 등록된 것을 바로 설치하여 사용할 수 있어 효율적이다.

① 로딩(loading) : 패키지를 R에서 사용할 수 있도록 불러오는 작업으로 패키지는 작업 중인 컴퓨터의 특정 폴더에 저장되어 있어야 로딩이 가능하다. 원하는 패키지가 없으면 다운로드하여 설치해야 한다. 특정 패키지 안에 있는 함수를 이용하려면 다음과 같은 사전 작업이 필요하다.

> **TIP**
> • 특정 함수를 포함하고 있는 패키지 설치(install) → install.packages(' ')
> • 설치한 패키지 불러오기(load) → library( ).

패키지의 설치는 한 번만 필요하지만 패키지 로드는 R 스튜디오가 새로 시작될 때마다 필요하다.

② 패키지 설치하기

　R 스튜디오에서 패키지를 설치하기 전에 인터넷이 연결되어 있어야 한다.

　㉠ 명령문으로 설치하기

　　R에서 install.packages( ) 함수를 이용하면 알아서 설치한다.

```
# ggplot2 패키지 설치
install.packages('ggplot2')
```

　㉡ R 스튜디오 메뉴로 설치하기

　• 파일 영역의 패키지창을 통해서도 패키지를 설치

새로운 패키지 설치

기존 패키지 업로드

[그림 II-1-1] 패키지창 화면

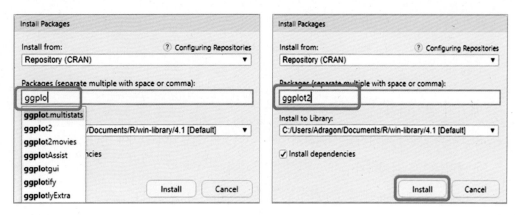

[그림 II-1-2] 패키지 설치 화면

- 설치된 패키지 확인하기: 패키지창의 하단을 보면 컴퓨터에 설치된 패키지의 목록을 확인할 수 있다.

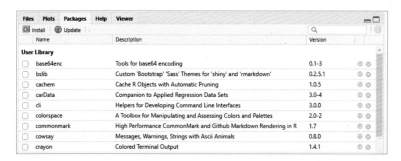

[그림 II-1-3] 설치된 패키지의 목록

③ 패키지 로드하기

㉠ 패키지를 설치했다고 해서 바로 사용할 수 있는 것은 아니며, 하드디스크에 설치된 패키지를 R 작업 환경으로 불러와야 한다.

```
# ggplot2 불러오기
library(ggplot2)
```

● 함수 사용하기

```
library(ggplot2)
ggplot(data = iris, aes(x = Sepal.Length, y = Sepal.Width)) + geom_point()
```

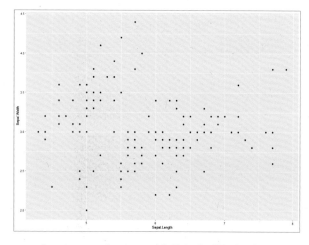

[그림 II-1-4] ggplot( ) 함수의 실행 결과 화면

---

2 변수, 벡터, 함수의 이해

1) 변수의 이해와 개념

(1) 변수

변수(variable)는 프로그램 내에서 어떤 값을 저장해 놓을 수 있는 그릇의 역할을 한다.

	공통점	차이점
그릇	• 어떤 것을 안에 보관할 수 있음. • 보관된 내용물이 바뀔 수 있음 • 내용물을 구분하기 위해 이름을 붙일 수 있음.	• 저장할 수 있는 내용물이 다양함. • 여러 물건을 한 그릇에서 보관 가능함
변수		• 저장할 수 있는 내용물은 오직 숫자나 문자임 • 하나의 변수에는 하나의 값만 저장할 수 있음

변수를 그릇에 보관

변수와 그릇의 공통점과 차이점

① 변수 만들기

```
c <- 100
```

㉠ c라는 변수에 100이라는 값을 저장하고 싶다면 위와 같은 명령문 실행한다.

㉡ 100을 c로 보내라는 모양을 하고 있는데, 이것이 100을 c에 저장하라는 명령이다.

㉢ c는 변수명, 100은 변수에 저장할 값, <-는 값을 변수에 저장하는 연산자이다.

변수 c에 100을 저장

② 변수의 내용 출력

```
temp <- 1010        # 1010을 변수 temp에 저장
temp                # 방법 1
print(temp)         # 방법 2
```

일반적인 방법으로 변수명 temp을 입력하여 실행한다. temp 〈- 1010에 있는 변수명
temp을 마우스로 블록 설정한 다음 〈Ctrl〉+〈Enter〉를 누르면 된다.

```
> temp <- 1010          # 1010을 변수 temp에 저장
> temp                  # 방법 1
[1] 1010
> print(temp)           # 방법 2
[1] 1010
```
출력 결과

③ 스크립트(Script) 실행 결과

다음은 변수를 이용한 산술연산이다.

```
a <- 100          # 변수 a에 100을 저장
b <- 200          # 변수 b에 200을 저장
c <- a + b        # 변수 a, b에 저장된 값을 더하여 변수 c에 저장
print(a)          # 변수 a의 저장 내용 출력
print(b)          # 변수 b의 저장 내용 출력
print(c)          # 변수 c의 저장 내용 출력
```

변수 a에 저장된 값과 변수 b에 저장된 값을 더하여 변수 c에 저장하는 명령문으로, 그
결과 변수 c에는 300을 저장한다.

```
print(a)          # 변수 a의 저장 내용 출력
[1] 100
print(b)          # 변수 b의 저장 내용 출력
[1] 200
print(c)          # 변수 c의 저장 내용 출력
[1] 300
```
출력 결과

I
빅데이터 개요

II
R 시작하기

III
데이터 탐색

IV
예측 선형 모델링과 회귀

V
디지털 영상 처리

VI
부록

변수의 값은 변경 가능하다.

```
a <- 100
print(a)
a <- 500
print(a)
```

```
> a <- 100
> print(a)
[1] 100
> a <- 500
> print(a)
[1] 500
```

출력 결과

하나의 변수에는 하나의 값만 저장 가능하다.

```
number <- 10, 15        # 에러 발생
```

다음과 같이 number이라는 변수에 두 개의 값 10, 15를 저장하려고 하면 에러가 발생한다. R에서는 여러 개의 값을 한 곳에 저장하는 방법으로 벡터(vector)를 제공한다.

```
> number <- 10, 15        # 에러 발생
Error: unexpected ',' in "number <- 10,"
```

출력 결과

변수와 변수의 연산은 변수에 저장된 값들의 연산으로 바뀌어 실행한다.

```
> a <- 15
> b <- 20
> c <- a + b
> c
```

```
> a <- 15
> b <- 20
> c <- a + b
> c
[1] 35
```

출력 결과

㉠ =, ⟨-, -⟩ 대입 연산자(할당 연산자), = 연산자는 우변을 먼저 계산한 후 좌변 변수에 값
을 대입한다.

```
> x <- 1
> y <- 2
> c=x+y
> c
[1] 3
> x+y=c
Error in x + y = c : could not find function "+<-"
> c <- x+y
> c
[1] 3
> x+y->c
> c
[1] 3
```

출력 결과

㉡ =와 ⟨-의 차이는 =보다 ⟨-가 우선적으로 실행된다.

```
> a=b <- 10
> a
[1] 10
> b
```

I
빅데이터 개요

II
R 시작하기

III
데이터 탐색

IV
예측 모델링과 선형 회귀

V
디지털 영상 처리

VI
부록

```
[1] 10
> a <- b=20
Error in a <- b = 20 : could not find function "<-<-"
> a
[1] 10
> b
[1] 10
```

출력 결과

④ 변수명의 작명 규칙

　㉠ 첫 글자는 영문자나 마침표(.)로 시작하는데, 일반적으로 영문자로 시작한다.

　　Ex) sum, .temp

　　　　12th는 숫자로 시작했기 때문에 변수명 사용 불가

　㉡ 두 번째 글자부터는 영문자, 숫자, 마침표(.), 밑줄(_) 사용이 가능하다.

　　Ex) value.01, sub_temp, c10

　　　　value-1, value@1은 특수문자를 사용했으므로 변수명 사용 불가

　㉢ 변수명에서 대문자와 소문자는 별개의 문자 취급한다.

　　Ex) value_B와 value_b는 서로 다른 변수

　㉣ 변수명 중간에 빈칸을 넣을 수 없다.

　　Ex) second cs는 변수명 사용 불가

⑤ 변수명 짓기

　변수명은 저장되는 값이 무엇인지 알 수 있는 단어를 사용하는 것이 좋다.

```
cde <- 1000       # 어떤 작업을 하려는 것인지 알기 어렵다.
mid.sum <- 1000   # 중간 합계로 1000을 저장하려는 것임을 예상할 수 있다.
```

자주 사용하는 함수의 이름은 변수명으로 사용하지 않는 것이 좋다.

```
a <- sqrt(100)      # 루트를 구하는 함수로서의 sqrt
a                   # a에 저장된 값을 출력
sqrt <- 100         # 변수명으로서의 sqrt
sqrt                # sqrt에 저장된 값을 출력
```

⑥ 변수에 저장될 수 있는 값의 종류

데이터형(data type)은 변수에 저장할 수 있는 값의 종류이다.

[표 II-3] R에서 사용할 수 있는 값에 대한 데이터형

자료형	사용 예	비고
숫자형	1, 2, -1, 10.8	정수(int), 실수(num), 복소수(cplx) 모두 가능
문자형	'John', "Jany"	chr 작은따옴표나 큰따옴표로 묶어서 표기
범주형		Factor 레벨에 따라 분류된 형태
논리형	TRUE, FALSE	T, F로 줄여서 사용하는 것도 가능
특수 값	NULL	정의되어 있지 않음을 의미하며, 자료형도 없고 길이도 0
	NA	결측값(missing value)
	NaN	수학적으로 정의가 불가능한 값[ex. sqrt(-3)]
	Inf, -Inf	양의 무한대(Inf), 음의 무한대 (-Inf)

⑦ 숫자형과 문자형

㉠ 숫자형 : 자연수를 포함하여 양의 정수, 음의 정수, 0, 실수 등의 값으로, 산술연산이 가능하다.

㉡ 문자형 : 산술연산을 할 수 없고, 문자형의 값은 반드시 작은따옴표나 큰따옴표로 묶어 표시해야 한다. 숫자라도 따옴표로 묶으면 문자로 간주되어 산술연산에 사용할 수 없다.

```
age.01 <- 21           # 숫자 저장
age.02 <- 26           # 숫자 저장
print(age.01 + age.02) # 정상 실행
name.01 <- 'John'      # 문자 저장
print(name.01)         # 정상 실행
grade.01 <- '2'        # 문자 저장
print(age.01 + grade.01) # 에러 발생
```

```
> age.01 <- 21              # 숫자 저장
> age.02 <- 26              # 숫자 저장
> print(age.01 + age.02)    # 정상 실행
[1] 47
> name.01 <- 'John'         # 문자 저장
> print(name.01)            # 정상 실행
[1] "John"
> grade.01 <- '2'           # 문자 저장
> print(age.01 + grade.01)  # 에러 발생
Error in age.01 + grade.01 : non-numeric argument to binary operator
```

출력 결과

⑧ 논리형

논리형 값 TRUE(참)와 FALSE(거짓)으로 표현하는 값이며, 보통 비교연산의 결괏값으로 주어진다. TRUE와 FALSE는 덧셈과 같은 산술연산을 적용하면 TRUE는 1로 FALSE는 0으로 변환되어 계산에 사용한다.

```
10 > 5         # 비교연산
9 > 10         # 비교연산
TRUE + TRUE    # 산술연산에서 TRUE는 1
a <- TRUE      # a에 논리값 TRUE 저장
b <- F         # b에 논리값 FALSE 저장
a              # a의 내용 출력
b              # b의 내용 출력
a + b          # 논리값의 산술연산 결과
```

```
> 10 > 5           # 비교연산
[1] TRUE
> 9 > 10           # 비교연산
[1] FALSE
> TRUE + TRUE      # 산술연산에서 TRUE는 1
[1] 2
> a <- TRUE        # a에 논리값 TRUE 저장
> b <- F           # b에 논리값 FALSE 저장
> a                # a의 내용 출력
[1] TRUE
> b                # b의 내용 출력
[1] FALSE
> a + b            # 논리값의 산술연산 결과
[1] 1
```

출력 결과

⑨ 특수한 값들

㉠ NULL: '정의되지 않음'을 의미하는 특수한 값으로, 초깃값을 어떤 것으로 정해야 할지 힘들 경우 사용한다.

㉡ 초깃값(initial value): 변수 생성 시 처음으로 넣는 값이다.

```
value <- NULL        # NULL 저장
print(value)
```

```
> value <- NULL # NULL 저장
> print(value)
NULL
```

출력 결과

㉢ NA: 'Not Applicable'의 약자로 결측값 또는 누락된 값을 나타낼 때 사용한다.

```
a <- NA        # 결측값 저장
b <- 'NA'      # 문자형 값 저장
a              # a의 내용 출력
b              # b의 내용 출력
```

```
> a <- NA          # 결측값 저장
> b <- 'NA'        # 문자형 값 저장
> a                # a의 내용 출력
[1] NA
> b                # b의 내용 출력
[1] "NA"
```

출력 결과

ⓐ NaN, Inf, -Inf : 각각 수학적으로 정의가 불가능한 값, 양의 무한대, 음의 무한대를
   나타내는 특수한 값으로 프로그래밍에서 접하기 어려운 값이다.

```
100/0
-100/0
sqrt(-200)         # -200의 루트
```

```
> 100/0
[1] Inf
> -100/0
[1] -Inf
> sqrt(-200)          # -200의 루트
[1] NaN
Warning message:
In sqrt(-200) : NaNs produced
```

출력 결과

⑩ 데이터형 판별 및 변환 함수

　㉠ 변수의 데이터형을 확인 및 변환하는 함수이다.

[표 II-4] 데이터형 확인 함수

함수	설명	비고
class(x)	R 객체 지향 관점에서 x의 데이터형	정수(int), 실수(num), 복소수(cplx) 모두 가능
typeof(x)	R언어 자체 관점에서의 x의 데이터형	chr 작은따옴표나 큰따옴표로 묶어서 표기
is.integer(x)	x가 정수형이면 TRUE 아니면 FALSE	Factor 레벨에 따라 분류된 형태
is.numeric(x)	x가 실수형이면 TRUE 아니면 FALSE	T, F로 줄여서 사용하는 것도 가능

is.complex(x)	x가 복소수형이면 TRUE 아니면 FALSE		정의되어 있지 않음을 의미하며, 자료형도 없고 길이도 0
	is.charactor(x)		x가 문자형이면 TRUE아니면 FALSE
	is.na(x)		x가 NA이면 TRUE아니면 FALSE
	Inf, -Inf		양의 무한대(Inf), 음의 무한대 (-Inf)

[표 II-5] 데이터형 변환 함수

함수	설명
as.factor(x)	x를 범주형으로 변환
as.integer(x)	x를 정수형으로 변환
as.numeric(x)	x를 숫자형으로 변환
as.charactor(x)	x를 문자형으로 변환
as.matrix(x)	x를 행렬로 변환

ⓛ 8명의 학생 성적을 변수에 저장한 후 평균을 계산하는 문제

```
score.01 <- 88; score.02 <- 92; score.03 <- 65; score.04 <- 84;
score.05 <- 92; score.06 <- 67; score.07 <- 77; score.08 <- 93;
total <- score.1 + score.2 + score.3 + score.4 +
        score.5 +score.6 + score.7 + score.8
avg <- total / 8            # 8명의 평균 계산
avg                         # 평균 출력
```

```
> score.01 <- 88; score.02 <- 92; score.03 <- 65; score.04 <- 84;
> score.05 <- 92; score.06 <- 67; score.07 <- 77; score.08 <- 93;
> total <- score.01 + score.02 + score.03 + score.04 + score.05 +score.06 +
        score.07 + score.08
> avg <- total / 8          # 8명의 평균 계산
> avg                       # 평균 출력
[1] 82.25
```

출력 결과

I 빅데이터 개요

II R 시작하기

III 데이터 탐색

IV 예측 선형 모델링과 회귀

V 디지털 영상 처리

VI 부록

```
score <- c(88, 92, 65, 84, 92, 67, 77, 93)
mean(score)              # 평균 출력
```

```
> score <- c(88, 92, 65, 84, 92, 67, 77, 93)
> mean(score)            # 평균 출력
[1] 82.25
```

출력 결과

TIP

세미콜론(;)은 하나의 명령어가 끝났음을 알려주는 기능으로,
한 줄에 하나의 명령어만 있을 경우 세미콜론은 생략 가능하다.

(2) 벡터의 개념

① 벡터(vector)는 R에서 제공하는 여러 개의 값을 한꺼번에 저장하는 기능으로, 일반적인 프로그래밍 용어로는 1차원 배열(array)이라고도 한다. 벡터는 다음과 같이 동일한 성격을 갖는 값들이 여러 개 있는 경우 이를 저장하고 처리하는 데 사용한다.

Ex) 신생아 표준 몸무게 자료

학생들의 영어 성적 자료

세대별 선호하는 음원 차트 자료

벡터의 목적은 여러 개의 값을 하나의 묶음으로 처리하기 위한 것이다.

㉠ 벡터 만들기

벡터를 만드는 데 사용되는 함수는 c( ) 함수는 하나의 벡터에 여러 개의 값이 저장하는데, 벡터 생성 시 주의할 점은 하나의 벡터에는 동일한 자료형(data type)의 값이 저장되어야 한다.

```
x <- c(10,20,30)                # 숫자형 벡터
y <- c('e','f','g')             # 문자형 벡터
z <- c(FALSE,TRUE,FALSE,TRUE)   # 논리형 벡터
```

```
x                          # 벡터 x에 저장된 값을 출력
y                          # 벡터 y에 저장된 값을 출력
z                          # 벡터 z에 저장된 값을 출력
```

```
> x <- c(10,20,30)         # 숫자형 벡터
> y <- c('e','f','g')      # 문자형 벡터
> z <- c(FALSE,TRUE,FALSE,TRUE)  # 논리형 벡터
> x                        # 벡터 x에 저장된 값을 출력
[1] 10 20 30
> y                        # 벡터 y에 저장된 값을 출력
[1] "e" "f" "g"
> z                        # 벡터 z에 저장된 값을 출력
[1] FALSE  TRUE FALSE  TRUE
```

출력 결과

ⓛ 벡터에서 원소값 확인하기

인덱스(index)는 R에서 벡터에 저장된 각각의 값들을 구별하기 위하여 앞쪽의 값부터 순서를 부여하는 것이다.

● 벡터의 인덱스

```
d <- c(10,4,2,1,6)
d                 # 벡터 전체를 출력
d[1]              # 인덱스 1번 출력
```

```
> d <- c(10,4,2,1,6)
> d               # 벡터 전체를 출력
[1] 10  4  2  1  6
> d[1]            # 인덱스 1번 출력
[1] 10
```

출력 결과

ⓒ 연속적인 숫자로 이루어진 벡터

콜론(:)을 이용하면 연속된 정수로 이루어진 벡터 지정한다.

```
value01 <- 10:50
value01
```

```
> value01 <- 10:50
> value01
 [1] 10 11 12 13 14 15 16 17 18 19 20 21 22 23 24 25 26 27 28 29 30 31 32 33
    34 35 36 37 38 39 40
[32] 41 42 43 44 45 46 47 48 49 50
```
출력 결과

콜론(:)을 이용하여 벡터를 만드는 방법은 c( ) 함수 안에서 사용해도 된다.

```
value02 <- c(1,3,7, 10:40)
value02
```

```
> value02 <- c(1,3,7, 10:40)
> value02
 [1]  1  3  7 10 11 12 13 14 15 16 17 18 19 20 21 22 23 24 25 26 27 28 29 30
    31 32 33 34 35 36 37
[32] 38 39 40
```
출력 결과

ⓔ 일정한 간격의 숫자로 이루어진 벡터

● 일정한 간격의 숫자로 이루어진 벡터를 만들어야 할 때 seq(시작값, 종료값, 간격) 함수이다.

```
value03 <- seq(1,99,5)          # 시작:1, 종료:99, 간격:5
value03
value04 <- seq(0.1,1.5,0.1)     # 시작:0.1, 종료:1.5, 간격:0.1
value04
```

```
> value03 <- seq(1,99,5)          # 시작:1, 종료:99, 간격:5
> value03
 [1]  1  6 11 16 21 26 31 36 41 46 51 56 61 66 71 76 81 86 91 96
> value04 <- seq(0.1,1.5,0.1)   # 시작:0.1, 종료:1.5, 간격:0.1
> value04
 [1] 0.1 0.2 0.3 0.4 0.5 0.6 0.7 0.8 0.9 1.0 1.1 1.2 1.3 1.4 1.5
```
출력 결과

ⓜ 반복된 숫자로 이루어진 벡터

● 반복된 숫자로 이루어진 벡터는 rep(반복 대상값, times=반복 횟수) 함수이다.

```
value05 <- rep(8,times=4)              # 8을 4번 반복
value05
value06 <- rep(2:8,times=2)            # 2~8를 2번 반복
```

```
value06
value07 <- rep(c(3,5,7), times=4)      # 3, 5, 7를 4번 반복
value07
```

```
> value05 <- rep(8,times=4)            # 8을 4번 반복
> value05
 [1] 8 8 8 8
> value06 <- rep(2:8,times=2)          # 2~8를 2번 반복
> value06
 [1] 2 3 4 5 6 7 8 2 3 4 5 6 7 8
> value07 <- rep(c(3,5,7), times=4)    # 3, 5, 7를 4번 반복
> value07
 [1] 3 5 7 3 5 7 3 5 7 3 5 7
```
출력 결과

● 매개변수 times 대신에 each를 사용할 수 있다.

```
value08 <- rep(c('a','b','c'), each = 3)
value08
```

```
> value08 <- rep(c('a','b','c'), each = 3)
> value08
[1] "a" "a" "a" "b" "b" "b" "c" "c" "c"
```
출력 결과

ⓗ 벡터의 값에 이름 붙이기

```
attendance <- c(10,7,9,8,5)          # attendance 벡터에 참석 인원수 저장
attendance                           # attendance 벡터의 내용 출력
names(attendance)                    # attendance 벡터의 값들의 이름을 확인
names(attendance) <-c('Mon','Tue','Wed','Thu','Fri') # 값들의 이름을 확인
attendance                           # attendance 벡터의 내용 출력
names(attendance)                    # attendance 벡터의 값들의 이름을 확인
```

```
> attendance <- c(10,7,9,8,5)        # attendance 벡터에 참석 인원수 저장
> attendance                         # attendance 벡터의 내용 출력
[1] 10  7  9  8  5
> names(attendance)                  # attendance 벡터의 값들의 이름을 확인
NULL
> names(attendance) <-c('Mon','Tue','Wed','Thu','Fri') # 값들의 이름을 확인
> attendance                         # attendance 벡터의 내용 출력
Mon Tue Wed Thu Fri
 10   7   9   8   5
```

```
> names(attendance)              # attendance 벡터의 값들의 이름을 확인
[1] "Mon" "Tue" "Wed" "Thu" "Fri"
```

출력 결과

ⓐ 벡터에서 여러 개의 값을 한 번에 추출하기

```
a <- c(2, 4, 6, 8, 10)      # - ①
a[c(1,3,5)]                 # 1, 3, 5번째 자료 출력 - ②
a[2:4]                      # 4, 6, 8번째 자료 출력 - ③
a[seq(1,5,2)]               # 두 번째 자료 출력 - ④
a[-2]                       # -는 '제외하고'의 의미 - ⑤
a[-c(3:5)]                  # 세 번째에서 다섯 번째 값은 제외 - ⑥
```

```
> a <- c(2, 4, 6, 8, 10)    # - ①
> a[c(1,3,5)]               # 1, 3, 5번째 자료 출력 - ②
[1]  2  6 10
> a[2:4]                    # 4, 6, 8번째 자료 출력 - ③
[1] 4 6 8
> a[seq(1,5,2)]             # 두 번째 자료 출력 - ④
[1]  2  6 10
> a[-2]                     # -는 '제외하고'의 의미 - ⑤
[1]  2  6  8 10
> a[-c(3:5)]                # 세 번째에서 다섯 번째 값은 제외 - ⑥
[1] 2 4
```

출력 결과

① 벡터 a에 5개의 값을 저장한다.

② 여러 개의 인덱스를 한 번에 지정하여 값을 가져오는 가장 일반적인 방법이다.

③ 가져오고 싶은 값들이 연속해서 존재하면 콜론(:)을 이용하여 인덱스를 지정한다.

④ 1부터 5까지의 값을 2씩 건너뛰어 가져온다는 의미이다.

⑤ 홀수 번째를 제외하고 나머지 값들을 모두 가져오라는 의미이다.

⑥ 세 번째, 네 번째, 다섯 번째를 제외한 값을 가져오게 된다.

ⓞ 월 이름으로 값을 추출하기

```
salary <- c(340,220,380,140)        # 5~8월 월급
names(salary) <- c('May','June','July','August')    # 월 이름으로 붙임
salary                              # 5~8월 월급 출력 - ①
```

```
salary[1]                    # 5월 월급 출력 - ②
salary['June']               # 6월 매출액 출력 - ③
salary[c('May','August')]    # 5월, 8월 매출액 출력 - ④
```

```
> salary <- c(340,220,380,140)   # 5~8월 월급
> names(salary) <- c('May','June','July','August')  # 월 이름으로 붙임
> salary                         # 5~8월 월급 출력 - ①
   May   June   July August
   340    220    380    140
> salary[1]                      # 5월 월급 출력 - ②
   May
   340
> salary['June']                 # 6월 매출액 출력 - ③
  June
   220
> salary[c('May','August')]      # 5월, 8월 매출액 출력 - ④
   May August
   340    140
```

출력 결과

① salary 벡터에 5~8월 매출액을 저장하고 월을 이름으로 지정한다.

② 인덱스를 이용하여 5월의 매출액을 출력한다.

③ 이번에는 인덱스 대신 값의 이름을 이용하여 6월 매출액을 출력한다.

④ 두 개의 월 이름을 c( ) 함수로 묶어서 인덱스 대신 지정한다.

㉰ 벡터에 저장된 원소값 변경하기

```
value01 <- c(1,10,7,8,9)      # - ①
value01
value01[2] <- 3               # value01의 두 번째 값을 3으로 변경 - ②
value01
value01[c(1,5)] <- c(100,200) # value01의 1, 5번째 값을 각각 100, 200으로 변경 - ③
value01
value01 <- c(100,200,300)     # value01의 내용을 100, 200, 300으로 변경 - ④
value01
```

```
> value01 <- c(1,10,7,8,9)      # - ①
> value01
[1]  1 10  7  8  9
> value01[2] <- 3               # value01의 두 번째 값을 3으로 변경 - ②
> value01
[1] 1 3 7 8 9
> value01[c(1,5)] <- c(100,200) # value01의 1, 5번째 값을 각각 100, 200으로 변경 - ③
```

```
> value01
[1] 100   3   7   8 200
> value01 <- c(100,200,300)      # value01의 내용을 100, 200, 300으로 변경 - ④
> value01
[1] 100 200 300
```
출력 결과

① 벡터 value01에 5개의 값을 저장한 후 value01의 내용을 출력한다.

② 벡터 value01의 두 번째 원소값을 3으로 변경한 후 value01의 내용을 출력한다.

③ 벡터 value01의 첫 번째와 다섯 번째 원소값을 100과 200으로 변경한 후 value01의 내용을 출력한다.

④ 벡터 value01의 내용을 통째로 다른 값으로 변경한다.

(3) 함수의 개념

함수를 포함한 식은 다음과 같은 형태로 표현된다.

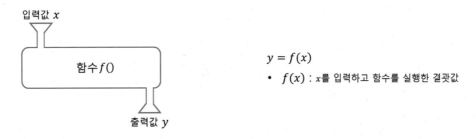

$$y = f(x)$$
- $f(x)$: x를 입력하고 함수를 실행한 결괏값

어떤 값 x를 입력받아 정해진 계산을 수행한 후 그 결괏값 f(x)를 돌려주는 장치라고 표현한다.

① 함수의 개념

함수 f( )를 다음과 같이 정의하면

f(x) = 4x + 1

입력값 x=1일 때 결괏값은 f(1)=5, x=2일 때 결괏값은 f(2)=9가 된다.

```
> x <- c(1,2)
> y <- 4*x+1
> y                   # y에 저장된 값을 출력
[1] 5  9
```

- x의 합을 sum( ) 함수에 입력하면 그 결괏값으로 15를 돌려준다.

```
> x <- c(1,2,3,4,5)
> y <- sum(x)          # x의 합을 구하여 변수 y에 저장
> y                    # y에 저장된 값을 출력
[1] 15
```

② 함수의 매개변수

프로그래밍에서 함수의 입력값을 받는 변수를 매개변수(parameter)라 한다. 함수의 정
의에 맞추어 매개변수를 입력하면 정의된 결괏값을 얻을 수 있다.

㉠ 매개변수의 입력

```
> a <- c(1,10,7,2,3)          # 벡터 a에 5개의 값을 저장
> sort(a)                     # 벡터 a의 값들을 오름차순으로 정렬하여 출력
[1]  1  2  3  7 10
```

- 벡터 a에 5개의 값을 저장한 후 이를 sort( ) 함수의 입력값으로 한다.
- 결괏값으로 벡터 a의 값들을 오름차순으로 정렬하여 출력한다.

```
> sort(a,decreasing=TRUE)     # 벡터 a의 값들을 내림차순으로 정렬하여 출력
[1] 10  7  3  2  1
```

- 벡터 'a'와 'decreasing = TRUE'를 입력값으로 한다.
- 결괏값으로 벡터 a의 값들을 내림차순으로 정렬하여 출력한다.

> **TIP**
> - R 함수에서는 숫자뿐만 아니라 벡터도 함수의 입력값으로 넣을 수 있고, 결괏값도
>   숫자가 아닌 벡터가 될 수 있음.
> - sort( ) 함수는 매개변수를 하나만 입력하는 경우도 있고 두 개를
>   입력하는 경우도 있음.

- 벡터 a의 값들을 오름차순으로 정렬하는 정확한 명령문이다.

sort(x=a, decreasing=FALSE)

함수   매개변수명   매개변수값

- x와 decreasing을 매개변수명이라고 하고 a와 FALSE를 매개변수값이라 한다.
- 함수의 입력값을 'x = a', 'decreasing = FALSE'와 같이 '매개변수명 = 매개변수값'의 형태로 입력이다.

```
sort(x=a, decreasing = FALSE)     # sort 함수 문법
sort(a, FALSE)                     # 매개변수 이름의 생략
```

- 매개변수값을 함수에 지정된 순서대로 입력하는 경우, 매개변수명을 생략 가능하다.

```
sort(x=a, FALSE)
sort(a, decreasing=FALSE)
```

ⓛ 매개변수의 생략

- 매개변수는 반드시 입력해야 하는 필수 매개변수와 선택적 매개변수로 구분하는데, 선택적 매개변수는 생략 가능하다.
- 선택적 매개변수의 경우는 사용자가 생략할 경우를 대비해서 미리 어떤 값을 지정해 놓는데, 이런 값을 기본값(default value)이라고 한다.

```
sort(x=a)          # 선택적 매개변수의 생략
sort(a)            # 매개변수명의 생략
```

(4) 자료의 종류

① 자료 분석의 목적과 사례

자료 분석(데이터 분석)을 하는 이유는 자료에 담겨 있는 어떤 종류의 정보나 지식을 추출하고 이를 통해 현실을 이해하거나 현실의 문제를 해결하는 데 활용하기 위함이다.

I
빅데이터 개요

II
R 시작하기

III
데이터 탐색

IV
예측 선형 회귀 모델링과

V
디지털 영상 처리

VI
부록

Ex) 자료 분석의 사례 I: 기저귀와 맥주

> ➥ W 마트에서는 고객의 장바구니에 들어 있는 물건을 분석한 결과 금요일 저녁 기저귀 심부름을 나오는 남편들이 기저귀와 함께 맥주를 구매한다는 사실을 발견하고 맥주를 기저귀 판매대 옆에 진열해 매출이 증가하였다.

Ex) 자료 분석의 사례 II: 입욕제 사용자 분석

> ➥ 분석 결과: 입욕제가 어린이용으로 구매될 것이라는 예상과 달리 성인 커플용으로도 많이 구매됨을 확인할 수 있는데, C 기업은 이 분석 결과를 바탕으로 성인 커플용 입욕제 신제품을 출시하여 시장의 좋은 반응을 이끌어 내었다.

Ex) 자료 분석의 사례 III: 딸기 과자와 맥주

> ➥ W 마트에서는 허리케인 상륙 이전의 고객들의 과거 구매 이력을 분석한 결과 허리케인이 상륙하기 전에는 딸기 과자와 맥주가 많이 팔린다는 다소 의외의 사실을 발견하였다. 이 분석 결과를 바탕으로 허리케인 진행 방향에 놓여 있는 마트 점포들의 재고를 신속하게 채워 넣었고, 매출이 증가하였다.

② 1차원 자료와 2차원 자료

1차원 자료는 단일 주제에 대한 값들을 모아 놓은 것을 말하며, 2차원 자료는 복수 주제에 대한 값들을 모아 놓은 자료이다.

> ➥ 자료 구조: 자료를 효율적으로 구조화하고 관리하기 위해서 저장 장치에 저장하는 방법

자료	자료 구조
1차원 자료	벡터(vector), 리스트(list), 팩터(factor)
2차원 자료	매트릭스(matrix), 데이터프레임(data frame)

③ 범주형 자료와 수치형 자료

㉠ 범주형 자료 : '분류'의 의미를 갖는 값들로 구성된 자료로, 보통 문자로 표현되므로 산술연산을 적용할 수 없다.

Ex) YES, blue, good, M 등

ⓛ 수치형 자료: 값들이 크기를 가지며 산술연산이 가능하다.

　Ex) 15, 169, 0-5, -100 등

④ 벡터에 대한 산술연산

　㉠ 벡터에 대한 산술연산은 벡터 안에 포함된 값들 하나하나에 대한 연산으로 바뀌어
　　실행한다.

```
> v <- c(2, 10, 3, 7, 9)
```

　ⓐ 벡터 v에 5개의 값을 저장하다.

　ⓑ 벡터와 벡터의 연산이 가능하기 위한 조건이다.

　● 두 벡터의 길이가 같아야 한다.

　● 두 벡터에 포함된 값의 종류가 같아야 한다.

```
> 2*v
[1]  4 20  6 14 18
```

　ⓒ v에 2를 곱한 결과, v에 포함된 값들 하나하나에 대해 2를 곱한 결괏값이 출력이다.

　ⓓ v에 저장된 모든 값을 실제로 2씩 곱한 값으로 바꾸어 저장하고 싶다면 v <- 2*v
　　와 같이 작성해야 한다.

```
> v-5
[1] -3  5 -2  2  4
> 3*a + 4
[1]  10 34 13 25 31
```

　ⓔ 벡터에 대한 산술연산은 벡터에 포함된 값들에 대한 산술연산으로 바뀌어 실행
　　한다.

ⓛ 벡터와 벡터 간의 산술연산은 벡터 간 대응되는 위치에 있는 값들끼리의 연산으로
바뀌어 실행한다.

```
> v1 <- c(4,3,2,1)
> v2 <- c(5,6,7,8)
> v1 + v2              # 대응하는 원소끼리 더하여 출력
[1] 9 9 9 9
> v1 * v2              # 대응하는 원소끼리 곱하여 출력
[1] 20 18 14  8
> y <- v1 + v2         # v1, v2를 더하여 y에 저장
> y
[1] 9 9 9 9
```

ⓒ 두 벡터 사이의 합과 곱의 결과를 보면 인덱스가 같은 위치에 있는 값끼리 연산이 이
루어진 것을 알 수 있다.

```
> y <- c(v1, v2)       # v1, v2의 원소들을 결합하여 y에 저장
> y
[1] 4 3 2 1 5 6 7 8
```

ⓐ 벡터 v1의 원소들과 벡터 v2의 원소들을 합쳐서 y에 저장하고 y의 내용을 출력
한다.

```
> y <- c(v2, v1)       # v2, v1의 원소들을 결합하여 y에 저장
> y
[1] 5 6 7 8 4 3 2 1
```

ⓑ 벡터 v2의 원소들과 벡터 v1의 원소들을 합쳐서 y에 저장하고 y의 내용을 출력한다.

```
> y <- c(v1, v2, 100, 120)        # v1, v2의 원소들 및 100, 120을 결합하여 y에 저장
> y
 [1]   5   6   7   8   4   3   2   1 100 120
```

ⓒ c( ) 함수는 2개 또는 2개 이상의 벡터, 벡터와 단일 값들을 결합 가능하다.

ⓓ 숫자 벡터와 문자 벡터를 c( )로 결합하면 숫자 값이 문자로 변환되어 결합된다.

```
> value01 <- c(5, 6, 7, 8)
> value02 <- c('Hee', 'Jun', 'Tom')
> value03 <- c(value01, value02)    # value01, value02의 원소들을 결합하여
                                      value03에 저장
> value03
[1] "5"   "6"   "7"   "8"   "Hee" "Jun" "Tom"
```

⑤ 벡터에 적용 가능한 함수

데이터 분석에 많이 사용되는 함수이다.

[표 II-6] 벡터를 입력값으로 하는 함수

함수명	설명
sum( )	벡터에 저장된 값들의 합
mean( )	벡터에 저장된 값들의 평균
median( )	벡터에 저장된 값들의 중앙값
max( ), min( )	벡터에 저장된 값들의 최댓값, 최솟값
var( )	벡터에 저장된 값들의 분산
sd( )	벡터에 저장된 값들의 표준편차
sort( )	벡터에 저장된 값들의 정렬(default : 오름차순)

range( )	벡터에 저장된 값들의 범위(최솟값, 최댓값)
length( )	벡터에 저장된 값들의개수(벡터의 길이)

㉠ 벡터에 적용 가능한 함수들

```
> num <- c(4,2,3,1,10,6,9,8,7,5)
> length(num)
[1] 10
> sum(num)
[1] 55
> sum(2*num)
[1] 110
> max(num)
[1] 10
> min(num)
[1] 1
> mean(num[1:5])
[1] 4
> sort(num)                          # 오름차순 정렬
 [1]  1  2  3  4  5  6  7  8  9 10
> sort(num, decreasing = FALSE)      # 오름차순 정렬
[1]  1  2  3  4  5  6  7  8  9 10
> sort(num, decreasing = TRUE)       # 내림차순 정렬
[1] 10  9  8  7  6  5  4  3  2  1
```

㉡ 벡터 num의 중앙값을 구하여 변수 value01에 저장하는 명령문과, 벡터 num의 합계
를 벡터 num의 길이(값의 개수)로 나누어 value02에 저장하는 명령문이다.

```
> value01 <- median(num)
> value01
[1] 5.5
> value02 <- sum(num)/length(num)
```

```
> value02
[1] 5.5
```

⑥ 벡터에 논리연산자 적용

논리연산자는 연산의 결괏값이 TRUE 또는 FALSE인 연산자이다.

연산자	상용 예	설명
<	v1<v2	v2가 v1보다 크면 TRUE
<=	v1<=v2	v2가 v1보다 크거나 같으면 TRUE
>	v1>v2	v1가 v2보다 크면 TRUE
>=	v1>=v2	v1가 v2보다 크거나 같으면 TRUE
==	v1==v2	v1와 v2가 같으면 TRUE
!=	v1!=v2	v1와 v2가 같지 않으면 TRUE
|	v1|v2	v1 또는 v2 어느 한쪽이라도 TRUE이면 TRUE
&	v1&v2	v1와 v2 모두 TRUE일 때만 TRUE

㉠ 벡터 num에 10부터 20까지의 숫자를 저장한다.

```
num <- 10:20
```

㉡ num>=15는 벡터 num에 포함된 값들이 '15보다 크거나 같은지'를 판단하는 논리연산이며, 벡터 안의 값 10~14에 대해서는 FALSE가, 15~20에 대해서는 TRUE가 도출된다.

```
> num>=15        # num 원소 각각이 >=15인지 검사
[1] FALSE FALSE FALSE FALSE FALSE  TRUE  TRUE  TRUE  TRUE  TRUE  TRUE
```

㉢ 이 명령문을 보면 벡터의 인덱스를 지정하는 부분에 num>15라는 논리연산이 존재하고 있는데, 이런 경우는 num>15를 먼저 실행한 후 결괏값으로 인덱스 부분 실행된다. num[num>15]의 의미는 num에 저장된 값 중 15보다 큰 값들만 추출한다.

```
> num[num>15]
[1]  16 17 18 19 20
```

ⓔ 이 명령문도 앞의 예와 같이 num>15를 먼저 실행한 후 그 결과를 sum( ) 함수에 입력값으로 주어 결과를 도출한다. num에 저장된 값 중 15보다 큰 값들(TRUE)의 개수를 구하는 것과 동일하다.

```
> sum(num>15)                    # 15보다 큰 값의 개수를 출력
[1] 5
```

ⓜ num>15를 먼저 실행하고, 그 결괏값으로 num[num>5]를 실행한다. num에 저장된 값 중 5보다 큰 값들의 합계를 구하는 것이다.

```
> sum(num[num>15])               # 15보다 큰 값의 합계를 출력
[1] 165
```

ⓗ 이 명령문은 num>15 & num<18이라고 하는 조건문을 con이라는 이름의 변수에 저장하는 것이며, 조건문의 의미는 'num에 저장된 값 중 15보다 크고 18보다 작은 값'이다.

```
> con <- num > 15 & num < 18     # 조건을 변수에 저장
> con
[1] FALSE FALSE FALSE FALSE FALSE FALSE  TRUE  TRUE FALSE FALSE FALSE
```

ⓢ con에 저장된 조건문에 부합하는 값들만 추출하는 것이다.

```
> num[con]                       # 조건에 맞는 값들을 선택
[1] 16 17
```

3 팩터와 리스트

1) 팩터

팩터(factor)는 문자형 데이터가 저장되는 벡터의 일종으로, 저장되는 문자값들이 어떠한 종류를 나타내는 값일 때 사용한다.

① 6개의 데이터가 저장된 문자형 벡터 ch를 생성하고, factor( ) 함수를 이용하여 팩터 ch.new를 생성한다.

```
> ch <- c('A', 'B', 'B', 'O', 'D', 'A')    # 문자형 벡터 ch 정의
> ch.new <- factor(ch)                      # 팩터 ch.new 정의
```

② 벡터 ch의 내용을 출력하면 따옴표로 묶여 있는 문자값들이 출력한다.
③ 팩터 ch.new를 출력하면 따옴표가 없는 문자값들이 출력한다.

```
> ch               # 벡터 ch의 내용 출력
[1] "A" "B" "B" "O" "D" "A"
> ch.new           # 팩터 ch.new의 내용 출력
[1] A B B O D A
Levels: A B D O
```

④ 팩터도 벡터의 일종이기 때문에 값을 추출하는 방법은 벡터와 같이 인덱스를 이용하거나, 값에 이름이 붙어 있다면 이름을 통해서도 값을 추출한다.

```
> ch[4]            # 벡터 ch의 4번째 값 출력
[1] "O"
> ch.new[4]        # 팩터 ch.new의 4번째 값 출력
[1] O
Levels: A B D O
```

⑤ levels( ) 함수는 팩터에 저장된 값들의 종류를 알아내는 함수이다.

```
> levels(ch.new)              # 팩터에 저장된 값의 종류를 출력
[1] "A" "B" "D" "O"
```

⑥ as.integer( ) 함수를 이용하여 팩터의 문자값을 숫자로 바꿀 수 있다. 문자값의 알파벳 순서에 따라 숫자값을 부여한다(A: 1, B: 2, D: 3, O: 4).

```
> as.integer(ch.new)          # 팩터의 문자값을 숫자로 바꾸어 출력
[1] 1 2 2 4 3 1
```

⑦ 실행하면 정상 실행되는 이유는 B가 Levels에 정해져 있는 값이기 때문이다. 실행하면 경고 메시지가 뜨는 이유는 입력하려는 C가 Levels에 없는 값이기 때문이다. 실행하면 8번째 값은 C가 아닌 〈NA〉로 표시된다.

```
> ch.new[7] <- 'B'            # 팩터 ch.new의 7번째에 'B' 저장
> ch.new[8] <- 'C'            # 팩터 ch.new의 8번째에 'C' 저장
경고메시지(들):
In `[<-.factor`(`*tmp*`, 8, value = "C") :
  invalid factor level, NA generated
> ch.new                      # 팩터 ch.new의 내용 출력
[1] A    B    B    O    D    A    B    <NA>
Levels: A B D O
```

2) 리스트

리스트(list)는 서로 다른 기본 데이터형을 갖는 자료 구조를 포함할 수 있으며, 데이터 프레임보다 넓은 의미의 데이터이다. 데이터 프레임과 달리 모든 속성의 크기가 같을 필요가 없다. 자료형이 다른 값들을 한 곳에 저장하고 다룰 수 있도록 해주는 수단이다.

Ⅰ 빅데이터 개요

Ⅱ R 시작하기

Ⅲ 데이터 탐색

Ⅳ 예측 모델링과 선형 회귀

Ⅴ 디지털 영상 처리

Ⅵ 부록

Ex) Jun의 기본 정보를 보면 저장할 값에 문자, 숫자, 논리형이 섞여 있을 뿐만 아니라 취미
의 경우 하나의 값이 아니라 여러 개의 값을 저장해야 하는 상황이므로 벡터에는 저
장할 수 없는 유형인데, 여러 자료형이 포함되어 있어 리스트에 저장해야 한다.

① 3개의 취미가 저장된 벡터 hobby.list를 생성한다.

```
이름 : 'Jun'          나이 : 21
학생 여부 : FALSE      취미 : 'board game', 'Watch a movie', 'reading books'
> hobby.list <- c('board game', 'Watch a movie', 'reading books')
                                              # 취미를 벡터에 저장
```

② info이라는 이름의 리스트를 생성한다.

③ 리스트는 1차원 자료 구조이면서 다양한 자료형들의 값을 저장한다.

```
> info <- list(name='Jun', age=21, student=FALSE, hobby=hobby.list)
                                              # 리스트 생성
```

④ 저장된 값들이 값의 이름과 함께 세로 방향으로 하나씩 출력된다.

```
> info          # 리스트에 저장된 내용을 모두 출력
$name
[1] "Jun"
$age
[1] 21
$student
[1] FALSE
$hobby
[1] 'board game', 'Watch a movie', 'reading books'
```

⑤ 인덱스를 이용하는 방법인데 벡터와 다른 점은 인덱스 지정 부분에 [ ]가 아닌 [[ ]]를 사용된다.

```
> info[[1]]      # 리스트의 첫 번째 값을 출력
[1] "Jun"
```

⑥ 리스트에 저장된 값을 추출하는 두 번째 방법은 값의 이름을 이용된다.

```
> info$name      # 리스트에서 값의 이름이 name인 값을 출력
[1] "Jun"
```

⑦ info[[4]]의 결과를 보면 하나의 값이 아닌 3개의 값이 들어 있는 벡터이다.

```
> info[[4]]      # 리스트의 네 번째 값을 출력
[1] "board game"    "Watch a movie" "reading books"
```

3) 매트릭스

(1) 2차원 자료의 저장

매트릭스(matrix)와 데이터 프레임(data frame)은 2차원 자료를 저장하기 위한 대표적인 자료 구조이다.

- 1차원 자료: '학생들의 몸무게'와 같이 단일 주제의 값들을 모아 놓은 것이다.
- 2차원 자료: 키·몸무게·나이와 같이 한 사람에 대한 여러 주제로 데이터를 수집한 형태이다.

① 매트릭스와 데이터 프레임의 차이점

매트릭스에 저장되는 모든 자료의 종류(data type)가 동일한 반면 데이터 프레임에는 서로 다른 종류의 데이터가 저장한다.

I
빅 데 이 터 개 요

II
R 시 작 하 기

III
데 이 터 탐 색

IV
예 측 선 형 회 귀
모 델 링 과

V
디 지 털 영 상 처 리

VI
부 록

● 2차원 자료의 저장: 여러 개의 벡터를 모아 놓은 것이 매트릭스 또는 데이터프레임
이다.

키
163.5
162.2
160.1
168.4
175.1
182

키

나이	몸무게	키
18	62.5	163.5
17	64.1	162.2
22	49.8	160.1
26	59.8	168.4
25	74.4	175.1
28	80.5	182

나이, 몸무게, 키

나이
18
17
22
26
25
28

벡터

몸무게
62.5
64.1
49.8
59.8
74.4
80.5

벡터

키
163.5
162.2
160.1
168.4
175.1
182

벡터

1차원 자료

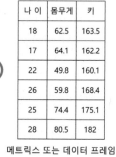

나이	몸무게	키
18	62.5	163.5
17	64.1	162.2
22	49.8	160.1
26	59.8	168.4
25	74.4	175.1
28	80.5	182

메트릭스 또는 데이터 프레임
2차원 자료

1차원 자료와 2차원 자료   2차원 자료의 형태는 1차원 자료들의 모음

② 테이블에서 가로줄 방향은 행(row) 또는 관측값(observation)

세로줄 방향은 열(column), 변수(variable)

열, 컬럼, 변수

이 름	나 이	직 업	...

행, 관측값

③ 매트릭스 만들기

매트릭스(Matrix)는 2차원 테이블 형태의 자료 구조이며, 매트릭스의 모든 셀(cell)에 저장
되는 값은 동일한 종류(data type)이어야 한다. 매트릭스는 보통 숫자로만 구성된 2차원
자료를 저장하고 처리하는 데 이용한다.

㉠ matrix( ) 함수 매개변수를 의미한다.

```
> mat <- matrix(1:25, nrow=5, ncol=5)
> mat
     [,1] [,2] [,3] [,4] [,5]
[1,]    1    6   11   16   21
...(생략)
[5,]    5   10   15   20   25
```

㉡ 1~25까지의 숫자값으로 5행 5열의 매트릭스를 만들어 mat에 저장한다.

```
1:25 : 매트릭스에 저장될 값을 지정한다.
nrow=5 : 매트릭스 행(row)의 개수를 의미한다.
ncol=5 : 매트릭스 열(column)의 개수를 의미한다.
```

㉢ 행 방향으로 값을 채우려면 다음과 같이 매개변수에 byrow =T를 추가한다.

```
> mat2 <- matrix(1:25, nrow=5, ncol=5, byrow=T)
> mat2
     [,1] [,2] [,3] [,4] [,5]
[1,]    1    2    3    4    5
...(생략)
[5,]   21   22   23   24   25
```

㉣ 벡터 v1, 벡터 v2를 생성하고, mat1에는 벡터 v1와 벡터 v2가 열 방향으로 묶인 2차원 매트릭스가 만들어진다.

```
> v1 <- 4:9              # 벡터 v1 생성
> v2 <- 10:15            # 벡터 v2 생성
> mat1 <- cbind(v1,v2)   # v1와 v2를 열 방향으로 결합하여 매트릭스 생성
> mat1                   # 매트릭스 mat1의 내용을 출력
     v1 v2
```

I 빅데이터 개요

II R 시작하기

III 데이터 탐색

IV 예측 선형 모델링과 회귀

V 디지털 영상 처리

VI 부록

```
[1,]  4 10
...(생략)
[6,]  9 15
```

ⓜ mat2에는 벡터 v1와 벡터 v2가 행 방향으로 묶인 2차원 매트릭스가 만들어진다.

```
> mat2 <- rbind(v1,v2)    # v1와 v2를 행 방향으로 결합하여 매트릭스 생성
> mat2                    # 매트릭스 mat2의 내용을 출력
   [,1] [,2] [,3] [,4] [,5] [,6]
v1    4    5    6    7    8    9
v2   10   11   12   13   14   15
```

ⓑ mat3과 mat4를 결합한 후 내용을 출력한다.

```
> mat3 <- rbind(mat2,v1)     # 매트릭스 mat2와 벡터 v1를 행 방향으로 결합
> mat3                       # 매트릭스 mat3의 내용을 출력
   [,1] [,2] [,3] [,4] [,5] [,6]
v1    4    5    6    7    8    9
v2   10   11   12   13   14   15
v1    4    5    6    7    8    9
> mat <- matrix(1:36, nrow=6, ncol=6)
> mat4 <- cbind(mat,v1)      # 매트릭스 mat와 벡터 v1를 열 방향으로 결합
> mat4                       # 매트릭스 mat4의 내용을 출력
                    v1
[1,] 1  7 13 19 25 31  4
...(생략)
[6,] 6 12 18 24 30 36  9
```

ⓢ 매트릭스 mat를 생성하고, mat에서 1행 4열에 위치한 값을 위치를 나타내는 인덱스 값이다.

```
> mat <- matrix(1:36, nrow=6, ncol=6)
> mat[1,4]                   # 1행 4열에 있는 값
[1] 19
```

◎ 열의 위치를 지정하지 않으면 모든 열의 값을 의미이며, 2행에 있는 모든 열의 값을 뜻하게 된다.

```
> mat[2,]           # 2행에 있는 모든 값
[1]  2  8 14 20 26 32
```

ⓩ 4열에 있는 모든 행의 값을 의미이다.

```
> mat[,4]           # 4열에 있는 모든 값
[1] 19 20 21 22 23 24
```

ⓩ mat[3,1:6]은 3행의 값 중 1~6열에 대한 값을 지정하며, mat[6,c(1,3,5)]은 6행의 값 중 1, 3, 5열에 있는 값을 지정하며, mat[1:3,] 1~3행에 있는 모든 값을 지정하고, mat[,c(1,6)] 1, 6열에 있는 모든 값을 지정한다.

```
> mat[3,1:6]                    # 3행의 값 중 1~6열에 있는 값
[1]  3  9 15 21 27 33
> mat[6,c(1,3,5)]               # 6행의 값 중 1, 3, 5열에 있는 값
[1]  6 18 30
> mat[1:3,]                     # 1~3행에 있는 모든 값
     [,1] [,2] [,3] [,4] [,5] [,6]
[1,]    1    7   13   19   25   31
[2,]    2    8   14   20   26   32
[3,]    3    9   15   21   27   33
> mat[,c(1,6)]                  # 1, 6열에 있는 모든 값
     [,1] [,2]
[1,]    1   31
...(생략)
[6,]    6   36
```

④ 행과 열에 이름 붙이기

매트릭스 데이터에 행과 열에 이름을 붙여 데이터를 표현하면 가시적으로 보기에 용이하므로 이름을 이용해 값을 추출할 수 있다.

㉠ info라는 매트릭스를 생성한 후에 info의 내용을 출력한다.

```
> info  <- matrix(c(161,188,175,163,
+                   'AB','A','B','O',
+                   'F','M','M','F'),nrow=4)
> info
     [,1]  [,2] [,3]
[1,] "161" "AB" "F"
...(생략)
[4,] "163" "O"  "F"
```

㉡ 행과 열에 이름을 부여한다.

● rownames( ): 행의 이름을 붙이거나 행의 이름을 출력할 때 이용

● colnames( ): 열의 이름을 붙이거나 열의 이름을 출력할 때 이용

```
> rownames(info ) <- c('Jun','Hee','Tom','Hun')
> colnames(info ) <- c('Height','Blood Type','Gender')
```

㉢ 행과 열에 이름을 붙인 후 info를 출력한다.

```
> info
    Height Blood Type Gender
Jun "161"  "AB"       "F"
...(생략)
Hun "163"  "O"        "F"
```

⑤ info의 행과 열의 이름으로 데이터 출력한다.

```
> info['Jun','Height']              # Jun의 키
[1] "161"
> info['Tom',c('Height','Blood Type')] # Tom의 키, 혈액형
    Height Blood Type
     "175"        "B"
> info['Hee',]                       # Hee의 정보
    Height Blood Type     Gender
     "188"        "A"        "M"
> info[,'Blood Type']                # 모든 사람의 혈액형 정보
 Jun Hee Tom Hun
"AB" "A" "B" "O"
> rownames(info)                     # info의 행의 이름
[1] "Jun" "Hee" "Tom" "Hun"
> colnames(info)                     # info의 열의 이름
[1] "Height"     "Blood Type" "Gender"
> colnames(info)[3]                  # info의 열의 이름 중 세 번째 값
[1] "Gender"
```

4) 데이터 프레임

데이터 프레임(data frame)는 매트릭스와 마찬가지로 2차원 형태의 데이터를 저장하고 분석하는 데 사용되는 자료 구조 이다(리스트와 달리 행의 수를 일치시켜서 저장해야 함). 가장 흔히 쓰이는 표 형태의 데이터 구조를 가지며, 행렬과 달리 여러 데이터형을 혼합하여 저장할 수 있다.

- 매트릭스(Matrix) : 저장된 모든 값의 자료형이 숫자로 동일하다.
- 데이터 프레임(Data Frame) : 숫자형 자료와 문자형 자료가 결합되어 있는 형태이다.

  Ex) 나이와 키 열의 자료형은 숫자이고 혈액형 열에는 문자가 저장되어 있음.

I 빅데이터 개요

II R 시작하기

III 데이터 탐색

IV 모델링과 예측 선형 회귀

V 디지털 영상 처리

VI 부록

나 이	키
18	178
17	173
22	163
26	184
25	165
28	168

나 이	키	혈액형
18	178	A
17	173	B
22	163	AB
26	184	O
25	165	A
28	168	O

매트릭스   **데이터 프레임**

매트릭스와 데이터 프레임

(1) 데이터 프레임 만들기

```
> city <- c("Bin","Auckland","Munich","Zurich")    # 문자로 이루어진 벡터
> rank <- c(1,3,4,2)                               # 숫자로 이루어진 벡터
> city.info <- data.frame(city, rank)              # 데이터프레임 생성
> city.info                                        # city.info의 내용 출력
       city rank
1       Bin    1
2  Auckland    3
3    Munich    4
4    Zurich    2
```

① 문자로 이루어진 city라는 벡터와 숫자로 이루어진 rank라는 벡터를 생성한다.

② 두 개의 벡터를 data.frame( ) 함수로 묶어 city.info라는 데이터 프레임을 생성한다.

③ 벡터들이 열 방향으로 결합된다.

(2) iris 데이터 세트

1936년 엣저 앤더슨이 캐나다 동부 지역의 가스페 반도에 서식하는 붓꽃을 수집하여 같은 날에 세 가지 품종(setosa, versicolor, verginica) 각각을 50송이씩 채취하였다. 같은 사람이 같은 자를 사용하여 꽃잎의 너비와 길이, 꽃받침의 너비와 길이를 측정하였다. 통계학자인 로널드 피셔 교수가 논문으로 발표하여 유명해졌으며, 여러 분야에서 사용되고 있다.

setosa

versicolor

verginica

[그림 II-1-5] 붓꽃에 대한 품종

iris는 150그루의 붓꽃에 대해 4개 분야의 측정 데이터와 품종 정보를 결합하여 데이터 세트로 iris의 내용을 출력하는 방법은 다음과 같이 iris라고 입력한다.

```
> iris
    Sepal.Length Sepal.Width Petal.Length Petal.Width    Species
1        5.1         3.5          1.4          0.2      setosa
2        4.9         3.0          1.4          0.2      setosa
3        4.7         3.2          1.3          0.2      setosa
...(생략)
150      5.9         3.0          5.1          1.8      virginica
```

4개의 숫자형 열과 1개의 문자형 열이 결합한 데이터 프레임이다.

[표 II-7] Iris 데이터 세트

열 이름	의미	자료형(data type)
Sepal.Length	꽃받침의 길이	숫자형
Sepal.Width	꽃받침의 폭	숫자형
Petal.Length	꽃받침의 길이	숫자형
Petal.Width	꽃잎의 폭	숫자형
Species	붓꽃의 품종	문자형(팩터)

I 빅데이터 개요

II R 시작하기

III 데이터 탐색

IV 예측 선형 회귀 모델링과

V 디지털 영상 처리

VI 부록

① iris 데이터 세트는 150행 5열의 크기를 갖는 데이터 프레임이다.

```
> iris[,c(1:2)]                           # 1~2열의 모든 데이터
    Sepal.Length Sepal.Width
1       5.1          3.5
        4.9          3.0
...(생략)
150     5.9          3.0
> iris[,c(1,3,5)]                         # 1, 3, 5열의 모든 데이터
    Sepal.Length Petal.Length   Species
1       5.1          1.4        setosa
2       4.9          1.4        setosa
...(생략)
150         5.9          5.1 virginica
> iris[,c("Sepal.Length","Species")]      # 1, 5열의 모든 데이터
     Sepal.Length  Species
1        5.1      setosa
...(생략)
> iris[1:5,]                              # 1~5행의 모든 데이터
    Sepal.Length Sepal.Width Petal.Length Petal.Width  Species
1       5.1          3.5          1.4        0.2 setosa
...(생략)
5       5.0          3.6          1.4        0.2 setosa
> iris[1:5,c(1,3)]                        # 1~5행의 데이터 중 1, 3열의 데이터
    Sepal.Length Petal.Length
        5.1          1.4
        4.9          1.4
3       4.7          1.3
4       4.6          1.5
5       5.0          1.4
> dim(iris)                               # 행과 열의 개수 보이기
[1] 150 5
```

② nrow( ) 함수는 행의 개수를, ncol( ) 함수는 열의 개수를 알려주는 함수이다.

```
> nrow(iris)          # 행의 개수 보이기
[1] 150
> ncol(iris)          # 열의 개수 보이기
[1] 5
```

③ colnames( ) 함수는 데이터 세트에 있는 열의 이름을 출력하는 함수이다.

```
> colnames(iris)      # 열 이름 보이기, names() 함수와 결과 동일
[1] "Sepal.Length" "Sepal.Width" "Petal.Length" "Petal.Width" "Species"
```

④ head( ) 함수는 자주 이용하는 함수이며, 데이터 세트에서 시작 부분에 있는 일부 자료(보통 1~6행)의 내용을 보여 준다.

```
> head(iris)          # 데이터 세트의 앞부분 일부 보기
  Sepal.Length Sepal.Width Petal.Length Petal.Width  Species
1      5.1         3.5         1.4         0.2  setosa
...(생략)
6      5.4         3.9         1.7         0.4  setosa
```

⑤ tail( ) 함수는 데이터 세트의 끝부분에 있는 자료 중 일부를 보여 주는 함수이다.

```
> colnames(iris) > tail(iris)       # 데이터 세트의 뒷부분 일부 보기
      Sepal.Length Sepal.Width Petal.Length Petal.Width   Species
145        6.7         3.3     5.7         2.5 virginica
...(생략)
150        5.9         3.0     5.1         1.8 virginica
      # 열 이름 보이기, names() 함수와 결과 동일
[1] "Sepal.Length" "Sepal.Width" "Petal.Length" "Petal.Width" "Species"
```

I 빅데이터 개요

II R 시작하기

III 데이터 탐색

IV 예측 모델링과 선형 회귀

V 디지털 영상 처리

VI 부록

⑥ str( ) 함수는 데이터 세트의 전반적인 정보를 알아낸다.

```
> str(iris)            # 데이터 세트 요약 정보 보기
'data.frame':150 obs. of 5 variables:
 $ Sepal.Length: num 5.1 4.9 4.7 4.6 5 5.4 4.6 5 4.4 4.9 ...
 $ Sepal.Width : num 3.5 3 3.2 3.1 3.6 3.9 3.4 3.4 2.9 3.1 ...
 $ Petal.Length: num 1.4 1.4 1.3 1.5 1.4 1.7 1.4 1.5 1.4 1.5 ...
 $ Petal.Width : num 0.2 0.2 0.2 0.2 0.2 0.4 0.3 0.2 0.2 0.1 ...
 $ Species     : Factor w/ 3 levels "setosa","versicolor",...: 1 1 1 1 1 1 1 1 1 1...
```

㉠ str( ) 함수 매개변수

- 'data.frame': 150 obs. of 5 variablesdata.frame은 iris의 형태가 데이터 프레임을 나타낸다. 150 obs는 150개의 행을 포함하고 있음을 나타낸다. 5 variables는 열이 5개 있음을 의미한다.

- $Sepal.Length: num 5.1 4.9 4.7 4.6 5 5.4 4.6 5 4.4 4.9 ...은 5개의 열 중 1번째 열의 이름이 Sepal.Length이고, 저장된 자료형은 num이다. 5.1 4.9 4.7 등은 Sepal.Length에 저장된 값을 나타낸다.

- $Species: Factor w/ 3 levels "setosa","versicolor", ...: 1 1 1 1 1 1 1 1 1 1 ...은 5개의 열 중 5번째 열 이름이 Species이고 자료형은 Factor로 문자형을 의미한다. w/3 levels는 'with 3 levels'의 약자로 3가지 종류의 품종이 있다는 것을 나타내며, 각 품종의 이름으로 "setosa", "versicolor" 등이 있다는 것을 알려준다. 1 1 1은 품종의 이름을 숫자로 표현한 것이다.

㉡ iris 데이터 세트의 5번째 열의 정보인 붓꽃의 품종(Species) 정보를 출력하였으며, levels( ) 함수는 팩터 자료에 중복된 값은 제거하고 값 종류를 알 수 있는 함수이다.

```
> iris[,5]                 # 품종 데이터 보기
 [1] setosa setosa setosa setosa setosa setosa
```

```
...(생략)
 [97] versicolor versicolor versicolor versicolor virginica virginica
...(생략)
[145] virginica virginica virginica virginica virginica virginica
Levels: setosa versicolor virginica
> levels(iris[,5])          # 품종의 종류 보기(중복 제거)
[1] "setosa" "versicolor" "virginica"
```

ⓒ table( ) 함수는 그룹을 나타내는 값이 포함된 자료에서 각 그룹별로 몇 개의 관측값
이 존재하는지 알려주는 기능을 한다.

```
> table(iris[,"Species"])       # 품종의 종류별 행의 개수 세기
   setosa  versicolor  virginica
      50          50         50
```

⑦ 행별, 열별로 합계와 평균 계산하기

```
> colSums(iris[,-5])           # 열별 합계
Sepal.Length Sepal.Width Petal.Length Petal.Width
      876.5        458.6        563.7       179.9
> colMeans(iris[,-5])          # 열별 평균
Sepal.Length Sepal.Width Petal.Length Petal.Width
    5.843333     3.057333     3.758000    1.199333
> rowSums(iris[,-5])           # 행별 합계
  [1] 10.2 9.5  9.4   9.4 10.2 11.4  9.7 10.1  8.9  9.6 10.8 10.0
 [13]  9.3 8.5 11.2  12.0 11.0 10.3 11.5 10.7 10.7 10.7  9.4 10.6
...(생략)
> rowMeans(iris[,-5])          # 행별 평균
  [1] 2.550 2.375 2.350 2.350 2.550 2.850 2.425 2.525 2.225 2.400
...(생략)
[141] 4.450 4.350 3.875 4.550 4.550 4.300 3.925 4.175 4.325 3.950
```

⑧ 행과 열의 방향 변환하기

4행 5열의 매트릭스를 5행 4열의 매트릭스로 변환(transpose)하는 경우에 사용하는 함수가 t( ) 함수이다.

```
> mat <- matrix(1:25, nrow=5, ncol=5)
> mat
     [,1] [,2] [,3] [,4] [,5]
[1,]    1    6   11   16   21
...(생략)
[5,]    5   10   15   20   25
 > t(mat)               # 행과 열 방향 변환
     [,1] [,2] [,3] [,4] [,5]
[1,]    1    2    3    4    5
...(생략)
[5,]   21   22   23   24   25
```

⑨ 조건에 맞는 행과 열의 값 추출하기

ㄱ subset( ) 함수는 전체 데이터에서 조건에 맞는 행들만 추출하기

- iris : 데이터를 추출하는 대상이 iris 데이터 세트이며 Species=='setosa' : 데이터를 추출할 조건을 지정하는 부분으로, 품종 열의 값이 'setosa'인 행만 추출하라는 의미 한다. iris.1에는 iris의 전체 150개의 행 중 조건에 맞는 50개의 행만 저장한다.

```
> iris.1 <- subset(iris, Species=='setosa')
> iris.1
  Sepal.Length Sepal.Width Petal.Length  Petal.Width   Species
1      5.1         3.5          1.4        0.2      setosa
 ...(생략)
50     5.0         3.3          1.4        0.2      setosa
```

ⓛ Sepal.Length 값이 5.0보다 크고 Sepal.Width 값이 4.0보다 큰 행들을 추출한다.

```
> iris.2 <- subset(iris, Sepal.Length>5.0 & Sepal.Width>4.0)
> iris.2
   Sepal.Length Sepal.Width Petal.Length  Petal.Width  Species
16      5.7          4.4         1.5          0.4      setosa
 ...(생략)
34      5.5          4.2         1.4          0.2      setosa
```

ⓒ iris.2에서 2열과 4열의 값들만 추출하는 작업을 수행한다.

```
> iris.2[, c(2,4)]          # 2열과 4열의 값만 추출
   Sepal.Width Petal.Width
16     4.4         0.4
33     4.1         0.1
34     4.2         0.2
```

⑩ 매트릭스와 데이터 프레임에 산술연산 적용하기

숫자로 구성된 매트릭스나 데이터 프레임에 대해서도 같은 원리로 산술연산을 적용할 수 있다.

㉠ 매트릭스 mat01와 mat02를 생성한 뒤 mat01와 mat02의 내용을 출력하였다.

```
> mat01 <- matrix(1:25,5,5)
> mat02 <- matrix(26:50,5,5)
> mat01
     [,1] [,2] [,3] [,4] [,5]
[1,]   1    6   11   16   21
...(생략)
[5,]   5   10   15   20   25
```

```
> mat02
     [,1] [,2] [,3] [,4] [,5]
[1,]   26   31   36   41   46
...(생략)
[5,]   30   35   40   45   50
```

ⓛ 매트릭스 mat01에 2를 곱하는 명령문으로 mat01에 저장된 모든 값들에 2가 곱해진
다. 매트릭스에 대한 산술연산은 매트릭스 안에 저장된 값들에 대한 연산으로 바뀌
어 실행한다.

```
> 2*mat01         # 매트릭스 mat01에 저장된 값들에 2를 곱하기
     [,1] [,2] [,3] [,4] [,5]
[1,]    2   12   22   32   42
...(생략)
[5,]   10   20   30   40   50
```

ⓒ 매트릭스 mat01와 매트릭스 mat02를 더하는 연산은 두 개의 매트릭스상에서 동일
위치에 있는 값을 더하는 연산으로 바뀌어 실행하며, 매트릭스 간 산술연산을 하려
면 두 개의 매트릭스 크기(행과 열의 개수)가 같아야 한다.

```
> mat01+mat02
     [,1] [,2] [,3] [,4] [,5]
[1,]   27   37   47   57   67
...(생략)
[5,]   35   45   55   65   75
```

㉣ mat01, mat02를 출력하면 mat01, nat02에 저장된 값이 변경된 것을 확인할 수 있다.

```
> mat01 <- mat01*3
> mat02 <- mat02-5
```

⑪ merge 함수로 여러 데이터프레임 병합하기

두 데이터프레임에 저장된 데이터를 합쳐서 하나의 데이터프레임으로 만들어 사용할 경우 공통 열 또는 행을 기준으로 두 개의 테이블을 합치며, 기준이 되는 열, 행의 데이터를 키(key)라고 한다.

㉠ 매트릭스와 데이터 프레임의 자료 구조를 확인한다.

```
> name<- c("민수","영희","경숙")
> age <- c(22,20,25)
> gender<-c("M","F","F")
> patient01=data.frame(name, age, gender)
> patient01
  name age gender
1 민수  22      M
2 영희  20      F
3 경숙  25      F
> blood.type <- c("B","O";"A")
> patient02=data.frame(name, age, blood.type)
> patient02
  name age blood.type
1 민수  22         B
2 영희  20         O
3 경숙  25         A
 > patients=merge(patient01, patient02, by="name")    # 두 개의 데이터 프레임
                                          이름 항목을 기준으로 병합
```

I 빅데이터 개요

II R 시작하기

III 데이터 탐색

IV 예측 모델링과 선형 회귀

V 디지털 영상 처리

VI 부록

```
> patients
  name age.x gender age.y blood.type
1 경숙    25      F    25          A
2 민수    22      M    22          B
3 영희    20      F    20          O
```

ⓛ iris는 데이터 프레임이고, state.x77(미국 50개 주에 고등학교 졸업률에 대한 통계 데이터)은 기본적으로는 매트릭스이면서 상위 개념인 배열(array)에도 속한다.

```
> class(iris)              # iris 데이터 세트의 자료 구조 확인
[1] "data.frame"
> class(state.x77)         # state.x77 데이터 세트의 자료 구조 확인
[1] "matrix" "array"
```

ⓒ is.matrix( )와 is.data.frame( ) 함수를 이용하여 매트릭스 또는 데이터프레임인지의 여부를 각각 확인할 수도 있다.

```
> is.matrix(iris)         # 데이터 세트가 매트릭스인지 확인하는 함수
[1] FALSE
> is.data.frame(iris)     # 데이터 세트가 데이터프레임인지 확인하는 함수
[1] TRUE
> is.matrix(state.x77)
[1] TRUE
> is.data.frame(state.x77)
[1] FALSE
```

⑫ 매트릭스와 데이터 프레임의 자료 구조 변환하기

㉠ 데이터 프레임인 iris에서 문자로 된 열은 제외하고 숫자로 된 부분만 떼어서 매트릭
스로 변환한다.

```
> is.matrix(state.x77)
[1] TRUE
> state <- data.frame(state.x77)        # 매트릭스를 데이터 프레임으로 변환
> head(state)
         Population Income Illiteracy Life.Exp Murder HS.Grad Frost   Area
Alabama        3615   3624        2.1    69.05   15.1    41.3    20  50708
 ...(생략)
Colorado       2541   4884        0.7    72.06    6.8    63.9   166 103766
> class(state)
[1] "data.frame"
> is.data.frame(iris[,1:4])
[1] TRUE
> iris.mat <- as.matrix(iris[,1:4])     # 데이터 프레임을 매트릭스로 변환
> head(iris.mat)
     Sepal.Length Sepal.Width Petal.Length Petal.Width
[1,]          5.1         3.5          1.4         0.2
 ...(생략)
[6,]          5.4         3.9          1.7         0.4
> class(iris.mat)
[1] "matrix" "array"
```

㉡ 특정 열 데이터 추출 방법은 열의 이름을 지정하거나 인덱스 번호를 지정하는 것
이다.

```
> iris[,"Species"]      # 결과가 벡터-매트릭스, 데이터프레임 모두 가능
 [1] setosa   setosa   setosa   setosa   setosa   setosa   setosa
 ...(생략)
[148] virginica virginica virginica
```

```
Levels: setosa versicolor virginica
> iris[,5]                # 결과가 벡터-매트릭스, 데이터프레임 모두 가능
 [1] setosa    setosa    setosa    setosa    setosa    setosa    setosa
 ...(생략)
[148] virginica virginica virginica
Levels: setosa versicolor virginica
```

ⓒ 인덱스 부분에 2개의 값이 아닌 1개의 값만 지정하며, iris[,5]의 결과는 값의 개수가
150개인 벡터, iris[5]의 결과는 자료의 크기가 150×1(150행 1열)인 데이터 프레임이다.

```
> iris["Species"]    # 결과가 데이터 프레임-데이터 프레임만 가능
      Species
1      setosa
2      setosa
 ...(생략)
> iris[5]            # 결과가 데이터 프레임-데이터 프레임만 가능
      Species
1      setosa
2      setosa
 ...(생략)
```

ⓓ 데이터 세트 이름 다음에 $를 붙이고 이어서 열의 이름을 따옴표 없이 붙이는 방법
은 데이터 프레임에만 적용되며, 실행 결과는 벡터이다.

```
> iris$Species    # 결과가 벡터-데이터 프레임만 가능
 [1] setosa    setosa    setosa    setosa    setosa    setosa    setosa
 [8] setosa    setosa    setosa    setosa    setosa    setosa    setosa
 ...(생략)
[148] virginica virginica virginica
Levels: setosa versicolor virginica
```

I
빅데이터 개요

II
R 시작하기

III
데이터 탐색

IV
예측 선형과 모델링과 회귀

V
디지털 영상 처리

VI
부록

CHAPTER 02 >> 데이터 입/출력

1. R에서 데이터의 입력과 출력에 대해 설명할 수 있다.
2. 제어문과 사용자 정의 함수에 대해 설명할 수 있다.

1 R에서 데이터의 입력과 출력

R 프로그램은 분석 대상이 되는 데이터를 입력한 후 입력된 데이터를 분석하여 필요한 정보를 얻는 것이 일반적이다.

자료 입력 〉 자료 처리/ 정보 추출 〉 처리 결과 출력

[그림 II-2-1] R에서의 입력과 출력

1) 데이터 입력

① 키 데이터를 입력하고 입력된 데이터의 내용을 확인한다.

```
> height<- c(172, 168, 184, 175, 177, 182, 163, 161)
> height
[1] 172 168 184 175 177 182 163 161
```

② 데이터에서 키가 큰 사람과 작은 사람의 키 데이터를 추출한다.

```
> # 정보 추출
> tall<- min(height)
> short<- max(height)
```

③ 키가 큰 사람과 작은 사람의 키 데이터를 출력한다.

```
> # 처리 결과 출력
> cat('키가 작은 사람의 키는 ', tall, '이고,',
+    '키가 큰 사람의 키는', short, '입니다. \n')
키가 작은 사람의 키는  161 이고, 키가 큰 사람의 키는 184 입니다.
```

④ 프로그램 내에서 직접 데이터를 입력하는 경우, 화면에서 사용자로부터 입력받는 경우,
컴퓨터에 저장된 파일이나 인터넷상에 존재하는 데이터를 가져오는 경우 등이 있다.

[그림 II-2-2] 화면에서 데이터 입출력

㉠ svDialogs 패키지를 설치한 후 library( ) 함수를 통해서 패키지를 불러온다.

```
> install.packages('svDialogs')     # 패키지 설치
> library(svDialogs)
```

㉡ 화면에서 숫자를 입력받아 input 변수에 저장하는 과정이며, dlgInput( ) 함수가 실
행되면 팝업창이 나타난다.

```
> input <- dlgInput('Input number')$res
```

㉢ 사용자가 입력한 값을 확인한다.

```
> input
[1] "1000"
```

as.numeric( ) 함수는 문자형의 숫자를 실제 계산 가능한 숫자로 변환하는 역할을
한다.

```
> number <- as.numeric(input)     # 문자열을 숫자로
> number
[1] 1000
```

㉣ 터미널창에 사용자가 입력이 가능하도록 readline( ) 함수를 사용하며, 프롬프트 인
수를 사용하여 터미널창에 메시지를 나타내어 입력할 수 있다.

```
> number <- readline(prompt="Input number : ")    #터미널 입력
Input number : 100
> number
[1] "100"
```

ⓜ 입력된 숫자에 대한 곱셈 연산을 한다.

```
> multi <- as.numeric(number) * 0.01          # 곱셈 계산
```

ⓗ cat( ) 함수를 이용하여 화면에 입력한 숫자에 대한 결과를 출력한다.

```
> cat('숫자: ', multi )
숫자: 1
```

2) print( ) 함수와 cat( ) 함수

화면에서 프로그램의 처리 결과를 확인하는 가장 간단한 방법은 결과가 담긴 변수의 내용을 실행하여 출력하는 것이다.

```
result <- sqrt(200)
result              # result의 내용 출력
```

[표 II-8] print( ) 함수와 cat( ) 함수의 비교

함수	사용상의 특징
print( )	• 하나의 값을 출력할 때 • 데이터 프레임과 같은 2차원 자료 구조를 출력할 때 • 출력 후 자동 줄 바꿈
cat( )	• 여러 개의 값을 연결해서 출력할 때 (벡터는 출력되나 2차원 자료 구조는 출력되지 않음) • 출력 후 줄 바꿈을 하려면 '\n' 필요

① print( ) 함수와 cat( ) 함수

```
> h <- 180
> f <- 'cm입니다.'
> a <- c(10,20,30,40)
> print(h)              # 하나의 값 출력
[1] 180
> print(f)              # 하나의 값 출력
[1] "cm입니다."
> print(a)              # 벡터 출력
[1] 10 20 30 40
> print(iris[1:5,])     # 데이터 프레임 출력
  Sepal.Length Sepal.Width Petal.Length Petal.Width Species
1          5.1         3.5          1.4         0.2  setosa
 ...(생략)
5          5.0         3.6          1.4         0.2  setosa
> print(h,f)            # 두 개의 값 출력(에러 발생)
Error in print.default(x, y) : invalid printing digits -2147483648
추가정보: 경고메시지(들):
In print.default(h, f) : 강제형 변환에 의해 생성된 NA입니다
```

print( )는 주어진 객체를 화면에 출력하며, 실행문의 코드 중간에 추가하여 변수에 할당된 값을 출력하거나 현재 실행 중인 어느 부분의 코드에 대해서 쉽게 확인할 수 있다. print( ) 함수는 두 개의 변숫값을 출력할 수 없다.

```
> cat(h,'\n')           # 하나의 값 출력
180
> cat(f,'\n')           # 하나의 값 출력
cm입니다.
> cat(a,'\n')           # 벡터 출력
10 20 30 40
> cat(h,f,'\n')         # 두 값을 연결하여 출력
180 cm입니다.
```

```
> cat(iris[1:5],'\n')         # 데이터프레임 출력(에러 발생)
Error in cat(iris[1:5], "\n") : 타입 'list'인 인자 1는 'cat'에 의하여 다루어
질 수 없습니다
```

cat( )는 주어진 입력을 출력하고 행을 바꾸지 않으므로 여러 인자를 나열해 쓰면 해당 인자들이 계속 연결되어 출력이 가능하다. 데이터 처리가 어떻게 수행 중인지를 보다 효율적으로 출력할 수 있다. cat( ) 함수는 벡터는 출력이 가능하나 데이터 프레임 등과 같은 2차원 자료 구조의 데이터는 출력할 수 없다.

② 작업 폴더는 자신이 읽거나 쓰고자 하는 파일이 위치하는 폴더이다.

R에서 어떤 파일을 읽으려면 그 파일이 위치한 폴더의 경로와 함께 파일 이름을 지정해야 한다.

㉠ getwd( ) 함수는 현재 작업 폴더가 어디인지 알아보는 명령어이다.

```
> getwd()                    # 현재 작업 폴더 알아내기
[1] "C:/Users/Administrator/Documents"
```

㉡ setwd( ) 함수는 현재 작업 폴더를 내가 원하는 폴더로 변경된다.('C:/' 경로에서 'RDatum' 새폴더 생성)

```
> setwd('C:/RDatum')     # 작업 폴더 변경하기
```

㉢ 현재 작업 폴더를 다시 확인한다.

```
> getwd()
[1] "C:/RDatum"
```

③ csv 파일 읽기와 쓰기

R에서 데이터 분석을 위해 가장 많이 사용하는 파일 형태는 .csv(comma seperated value, 쉼표로 구분된 값) 파일을 사용한다. Excel 또는 메모장을 아래 그림은 데이터를 작성한 후에 information.csv 파일로 저장한 후에 저장된 파일을 메모장과 엑셀에서 각각을 불러온 것이며, 다른 이름으로 저장하기에서 확장자명을 information.xlsx로 저장한다.

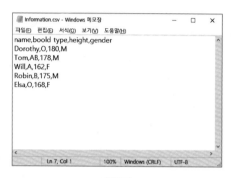

메모장   Excel

[그림 II-2-3] csv 파일 화면 출력

㉠ csv 파일에서 데이터 읽기

• setwd( ) 함수를 통해 작업할 폴더의 경로를 지정한다.

```
> setwd('C:/RDatum')            # 작업 폴더 지정
```

• read.csv( ) 함수를 통해 작업 폴더에서 information.csv 파일을 읽어 info에 저장한다.

```
> info<- read.csv('information.csv', header=T)      # .csv 파일 읽기
```

• info의 자료 구조를 확인한다.

```
> head(info)                    # 파일의 내용을 정상적으로 불러왔는지 확인
   name boold.type height gender
```

```
1 Dorothy        0    180      M
...(생략)
5   Elsa         0    168      F
> class(info)                  # info의 자료 구조 확인
[1] "data.frame"
```

● 작업 폴더를 지정한다.

```
> setwd('C:/RDatum')          # 작업 폴더 지정
```

● iris 데이터 세트에서 setosa 품종의 행들만 추출하여 user.iris에 저장한다.

```
> # setosa 품종 데이터만 추출
> user.iris <- subset(iris, Species=='setosa')
```

● write.csv( ) 함수를 이용해 user.iris의 내용을 작업 폴더에 저장한다.

```
> # .csv 파일에 저장하기
> write.csv(user.iris, 'user_iris.csv', row.names=F)
```

ⓛ 엑셀 파일 읽기와 쓰기

● read.xlsx( ) 함수를 통해 information.xlsx 파일을 읽는다.

```
> install.packages('xlsx')       # xlsx 패키지 설치하기
> library(xlsx)                   # 패키지 불러오기
> info <- read.xlsx('C:/RDatum/information.xlsx', header=T,
+ sheetIndex=1)                   # .xlsx 파일 읽기
```

- read.xlsx( ) 함수 매개변수를 통해서 파일을 읽어오는 경로, 데이터값을 이름 설정, 엑셀 파일의 시트 설정을 할 수 있다.

```
- 'C:/RDatum/information.xlsx' : 읽어올 파일의 이름.
- header=T : 파일의 첫 번째 행은 데이터의 값이 아닌 열 이름이라는 의미
- sheetIndex=1 : 엑셀 파일의 첫 번째 시트를 읽으라는 의미
```

- head( ) 함수로 info의 내용을 확인할 수 있다.

```
> head(info)
      name boold.type height gender
1 Dorothy         0    180      M
 ...(생략)
5    Elsa         0    168      F
```

- xlsx 패키지를 불러온다.

```
> library(xlsx)                    # 패키지 불러오기
```

- iris 데이터 세트에서 setosa 품종의 행들만 추출하여 user.iris에 저장한다.

```
> user.iris <- subset(iris, Species=='setosa')   # setosa 품종 데이터만 추출
```

- 데이터 프레임 user.iris를 user_iris.xlsx 파일로 저장하면 정상적으로 저장된 것을 확인할 수 있다.

```
> write.xlsx(user.iris, 'user_iris.xlsx', row.names=F)   # 파일에 저장하기
```

I 빅데이터 개요

II R 시작하기

III 데이터 탐색

IV 예측 모델링과 선형 회귀

V 디지털 영상 처리

VI 부록

ㄷ 실행 결과를 파일로 출력하기

● 출력 대상 파일이 위치할 폴더를 setwd( ) 함수를 통해 작업 폴더로 지정한다.

```
> setwd('C:/RDatum')               # 작업 폴더 지정
> print('Good Job')                # 화면으로 출력
[1] "Good Job "
> v1 <- 100; v2 <- 200
```

● 결과를 파일로 출력하는 코드이며 프로그램 중간에 파일로 출력하고 싶은 부분에서 sink( ) 함수를 위아래에 넣는다.

```
> sink('temp.txt', append=T)        # 파일로 출력 시작
> cat('v1+v2=', v1+v2, '\n')
> sink()                            # 파일로 출력 정지
```

● sink( ) 함수 매개변수는 출력 파일 설정, 기존 내용 또는 새로운 내용으로 저장에 대해서 설정할 수 있다.

```
- 'result.txt' : 계산 결과를 출력할 파일 이름
- append=T : 'result.txt'의 내용 맨 마지막에 덧붙여서 출력하라는 의미로,
  append=F이면 기존에 있던 내용을 지우고 새로 출력하는 것을 의미
```

● cat('test check \n')의 실행 결과가 다시 화면에 출력된다.

```
> cat('test check \n')        # 화면으로 출력
test check
```

● cat('v1*v2=', v1*v2, '\n')의 실행 결과는 화면에 보이지 않는다.

```
> sink('temp.txt', append=T)        # 파일로 출력 시작
> cat('v1*v2=', v1*v2, '\n')
> sink()                            # 파일로 출력 정지
```

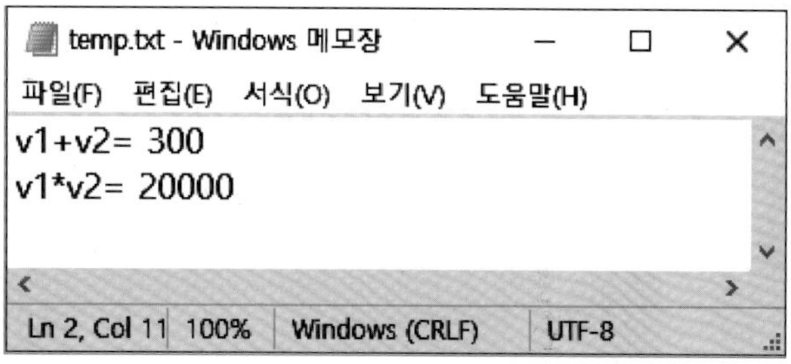

[그림 II-2-4] 텍스트로 파일에 저장된 내용

2 제어문과 사용자 정의 함수

1) 조건문과 반복문

(1) if-else문

① 조건문(conditional statement)은 조건에 따라 실행할 명령문이다.

```
if (비교 조건) {
    조건이 참일 때 실행할 명령문
} else {
    조건이 거짓일 때 실행할 명령문
}
```

if문의 구조

㉠ if( ) 함수만으로도 조건문이 성립된다(else 없어도 됨). work.type이 'C'인 경우 pay는 100이고, 아닌 경우는 아무 명령도 실행하지 않는다.

```
> work.type <- 'S'
> pay <- 500
> if (word.type == 'C') {
+     pay <- 100            # word.type이 C일 때 실행
+ }
> print(pay)
[1] 500
```

㉡ value<10라는 조건을 만족하면 print(value)가 실행되고, 만족하지 않으면 print (value*10)과 print(value/10)이 실행된다.

```
> value <- 50
> if (value<10) {
+     print(value)
+ } else {
+     print(value*10)
+     print(value/10)
+ }
[1] 500
[1] 5
```

㉢ { }는 프로그래밍에서 코드 블록에 의해 묶인 명령문은 조건에 의해 모두 실행이 되든지, 모두 실행이 안 되든지 둘 중 하나이다.

㉣ 조건문과 조건문을 연결할 때 앞에서 배운 논리연산자를 사용한다.

㉤ &(and)로 연결되면 두 조건이 모두 만족을 해야 '참(True)'이 되고, |(or)로 연결되면 두 조건 중 어느 하나만 만족하면 '참(True)'이 된다.

```
> v1 <- 4
> v2 <- 6
> if (v1>3 & v2>5) {          # and
+     print(v1+v2)
+ }
[1] 10
> if (v1>2 | v2>20) {         # or
+     print(v1*v2)
+ }
[1] 24
```

(2) switch문

① switch문은 if문과 같이 조건 제어문에 속하며, if문과 다르게 여러 가지 선택지가 주어지고, 조건값에 따라 '=='일 때 선택되어 실행한다.

> switch(입력값, 조건1 = 명령문1, 조건2 = 명령문2, ... 조건n = 명령문n)

switch문의 구조

㉠ switch( ) 함수의 입력값으로 month 변수를 지정하고, 1번부터 12번까지 조건을 영문 월 표기로 설정하여 반환되는 변수를 month.eng로 설정하였다. month 변수의 값은 상수 2로 초깃값을 지정하고 실행하면, cat( ) 함수로 2번이 선택되어 'February'로 month.eng 값으로 지정되어 출력되는 것을 확인할 수 있다.

```
> month<-2
> month.eng<- switch(month,'January','February','March','April','May','June'
,'July','August','September', 'October','November','December')
> cat(month,"월은 ", month.eng,"입니다\n")
2월은 February입니다
```

ⓛ switch( ) 함수의 입력값으로 grade 변수를 지정하고, A부터 F까지 조건을 설정하였다. grade 변수의 값은 문자 'A'로 초깃값을 지정하고 실행하면 1번의 조건이 선택되어 출력되는 것을 확인할 수 있다.

```
> grade <- 'A'
> switch(grade,A="A 학점입니다.",B="B 학점입니다.",C="C 학점입니다.",
  D="D 학점입니다.",print('재수강을 권장합니다.'))
[1] "A 학점입니다."
```

ⓒ switch( ) 함수의 조건을 문자로 설정하여 실행하여도 선택된 조건(grade 변수의 초깃값은 'B')으로 print( ) 함수로 출력되는 것을 확인할 수 있다.

```
> grade<-'B'
> switch (grade,
+         'A' = print('A 학점입니다.'),
+         'B' = print('B 학점입니다.'),
+         'C' = print('C 학점입니다.'),
+         'D' = print('D 학점입니다.'),
+         print('재수강을 권장합니다.')
+ )
[1] "B 학점입니다."
```

swtich문은 if문으로 바꿀 수 있지만, if문에서 부등식이 사용되는 경우는 switch문으로 변환할 수 없으며, switch문은 if문보다 다중 분기문으로 사용이 적합하다.

(3) for문

for문은 한 번씩 수행될 때마다 반복 범위의 값을 하나씩 가져와 반복 변수에 저장한 뒤 코드 블록 안에 있는 명령문을 실행한다. 게다가, 반복 범위는 반복 변수에 할당할 값을 모아둔 벡터로 이 벡터의 길이만큼 for문은 반복된다.

```
for(반복 변수 in 반복 범위) {
    반복할 실행 구문
}
```

for문의 기본 구조

㉠ '*'를 10회 출력하는 for문의 반복 변수 i는 반복이 어디까지 이루어졌는지에 대한 정보를 저장하고 있는 변수이다.

```
> for(i in 1:10) {
+     print('*')
+ }
[1] "*"
 ...(생략)
[1] "*"
```

㉡ i에는 반복이 진행될 때마다 반복 범위의 값이 하나씩 차례대로 저장된다.

㉢ for( ) 함수 다음에 있는 코드 블록 { }에는 반복할 명령문들이 포함된다.

- for문을 이용하여 1부터 10까지 print( ) 함수로 나타내었다.

```
> for(i in 1:10) {
+     print(i)
+ }
[1] 1
 ...(생략)
[1] 10
```

- for문을 이용한 구구단의 5단을 출력하였으며, cat( ) 함수는 한 줄에 여러 개의 값을 결합하여 출력할 때 사용하며, '\n'은 줄바꿈을 하기 위한 특수 문자를 사용한다.

```
> for(i in 1:10) {
+     cat('5 *', i,'=', 5xi,'\n')
+ }
5 x 1 = 5
...(생략)
5 x 10 = 50
```

● for문을 이용하여 벡터의 길이만큼 i를 반복 실행하여 홀수만을 출력하였다.

```
> num<-1:30
> for(i in 1:length(num)) {
+    if(i%%2!=0) {              # 홀수인지 확인
+    cat(i, ' ')
+  }
+ }
1  3  5  7  9  11  13  15  17  19  21  23  25  27  29
```

● 1부터 100까지 i를 100회 실행하여 모든 수를 더하여 누적된 값을 출력하였다.

```
> sum <- 0
> for(i in 1:100) {
+    sum <- sum + i          # sum에 i 값을 누적
+ }
> print(sum)
[1] 5050
```

(4) while문

while문은 비교 조건(조건문의 반환값이 TURE 경우)을 만족하는 동안 { } 안의 명령문들을 반복
실행한다.

```
while (비교 조건) {
    반복할 실행 구문
}
```

while문의 기본 구조

㉠ while문을 실행하기 전에 sum과 i를 초기화하는 것과 { } 안에서 반복 변수에 해당
하는 i값을 1씩 증가시키는 것에 주의해야 한다.

```
> sum <- 0
> i <- 1
> while(i <=100) {
+     sum <- sum + i              # sum에 i 값을 누적
+     i <- i + 1                  # i 값을 1 증가시킴
+ }
> print(sum)
[1] 5050
```

> **TIP**
> 조건문이 계속 충족되어 영원히 실행되는 반복문을 무한 루프라고 한다.

㉡ 명령문은 mtcars 데이터 세트에서 4개의 열에 대해 행 방향으로 진행하면서 각 행의
평균(mean)을 계산하여 출력한다.

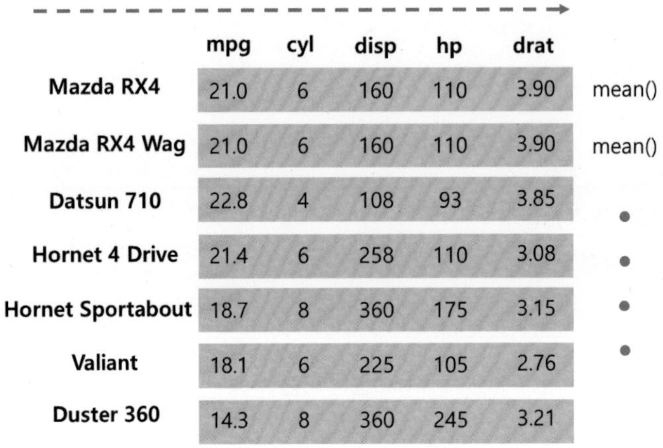

[그림 II-2-5] 행 방향에 대한 평균 계산

```
> apply(mtcars[1:4], 1, mean)          # 행 방향으로 함수 적용
      Mazda RX4       Mazda RX4 Wag            Datsun 710
         74.250              74.250                56.950
...(중간 생략)
   Maserati Bora          Volvo 142E
         164.750              63.850
```

ⓒ 이 명령문은 mtcars 데이터 세트에서 4개의 열에 대해 열 방향으로 진행하면서 각
   열의 평균(mean)을 계산하여 출력한다.

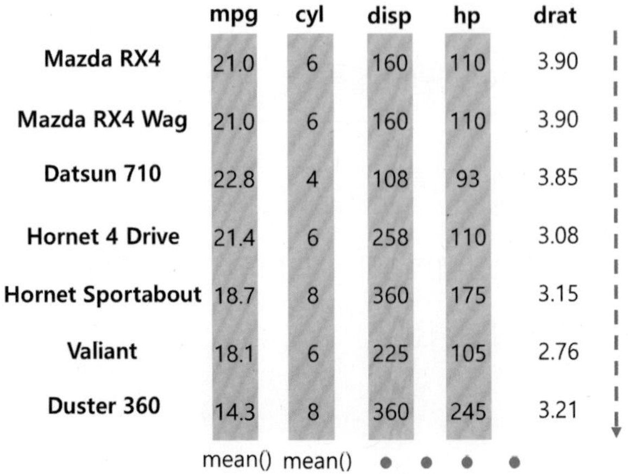

[그림 II-2-6] 열 방향에 대한 평균 계산

```
> apply(mtcars[,1:4], 2, mean)          # 열 방향으로 함수 적용
      mpg      cyl     disp       hp
 20.09062  6.18750 230.72188 146.68750
```

TIP

mtcars의 데이터 세트는 1974년 US motor magazine에 실린 32종의 자동차의 10가지 디자인과 성능 및 특성의 데이터로 1갤론당 주행거리(mpg), 실린더의 개수(cyl), 배기량(disp), 마력(hp), 전진 기어의 단수(gear), 자체의 중량(wt,1=1000파운드) 등으로 구성되어 있다.

2) 사용자 정의 함수

● 사용자 정의 함수는 사용자가 스스로 만드는 함수이다.

```
함수명 <- function(매개변수 목록) {
    실행 구문
    return(함수의 실행 결과)
}
```

사용자 정의 함수의 기본 구조

① 함수명 : 사용자 정의 함수의 이름으로 사용자가 만들 수 있다.

② 매개변수 목록 : 함수에 입력할 매개변수 이름을 지정한다.

③ 실행할 명령문 : 함수에서 처리하고 싶은 내용을 작성한다.

④ 함수의 실행 결과 : 함수의 실행 결과를 반환하며, 반환 결과가 없으면 return( ) 함수를 생략한다.

만들고자 하는 함수의 이름은 usermax 함수가 입력받는 매개변수는 x와 y 코드 블록 { } 안에 있는 if문은 x와 y 중 큰 값을 num.max에 저장하는 역할 x와 y 중 큰

값이 반환(return)되는 것이다.

```
> usermax <- function(x,y) {
+   num.max <- x
+   if (y>x) {
+     num.max <- y
+   }
+   return(num.max)
+ }
> usermax(10,20)
[1] 20
```

userdiv( ) 함수은 두 매개변수 x와 y를 입력받아 x/y값을 반환하는데, 사용자가 y 값을 입력하지 않으면 y=2를 자동 적용하는 userdiv( ) 함수이다.

```
> userdiv <- function(x,y=2) {
+     result <- x/y
+     return(result)
+ }
> userdiv(x=20,y=4)          # 매개변수 이름과 매개 변수값을 입력
[1] 5
> userdiv(20,4)             # 매개변수값만 입력
[1] 5
> userdiv(20)              # x에 대한 값만 입력(y값이 생략됨)
[1] 10
```

⑤ 여러 개의 값을 반환하는 경우

list( ) 함수를 이용하여 여러 개의 결괏값을 하나로 묶고 이것을 반환한다.

```
> userfunc <- function(x,y) {
+    num.sum <- x+y
+    num.mul <- x*y
+    return(list(sum=num.sum, mul=num.mul))
+ }
> result <- userfunc(2,4)
> value.sum <- result$sum          # 2와 4의 합
> value.mul <- result$mul          # 2와 4의 곱
> cat('2+4 =', value.sum, '\n')
2+4 = 6
> cat('2*4 =', value.mul, '\n')
2*4 = 8
```

⑥ 사용자 정의 함수의 저장과 재실행

자주 사용하게 될 사용자 정의 함수는 파일에 따로 모아두었다가 필요시 호출한다.
R Script로 생성하여 아래와 같이 userdiv( ) 함수를 작성하여 'user_func.R'로 저장
한다.

```
# user_func.R로 저장함
userdiv <- function(x,y=2) {
    result <- x/y
    return(result)
}
```

함수 작성   **R에 함수를 등록**   **함수를 호출**

[그림 II-2-7] 사용자 정의 함수 실행 순서

```
> setwd('c:/RDatum')          # user_func.R이 저장된 폴더
> source('user_func.R')       # user_func.R 안에 있는 함수 실행
> v1 <- userdiv(100,10)       # 함수 호출
> v2 <- userdiv(200,40)       # 함수 호출
> v1+v2
[1] 15
> userdiv(userdiv(100,2),5)   # 함수 호출
[1] 10
```

⑦ 조건에 맞는 데이터의 위치 찾기

데이터 분석을 하다 보면 자신이 원하는 데이터가 벡터나 매트릭스, 데이터 프레임 안에서 어디에 위치하는지 알아야 할 때가 있다. 편리하게 사용할 수 있는 함수가 which( ), which.max( ), which.min( ) 함수이다.

```
> height<- c(172, 168, 184, 175, 177, 182, 163, 161)
> which(height==177)      # 키가 177인 사람은 몇 번째에 있나?
[1] 5
> which(height>=175)      # 키가 175 이상인 사람은 몇 번째에 있나?
[1] 3 4 5 6
> max(height)             #키가 제일 큰 사람은 몇 센티인가?
[1] 184
> which.max(height)       #키가 제일 큰 사람은 몇 번째에 있나?
[1] 3
> min(height)             #키가 제일 작은 사람은 몇 센티인가?
[1] 161
> which.min(height)       #키가 제일 작은 사람은 몇 번째에 있나?
[1] 8
```

㉠ 벡터 안에서 어떤 값의 위치를 인덱스(index)라고 한다.

㉡ which( ) 함수는 찾고자 하는 값의 인덱스를 알아내는 함수, which.max( ) 함수는 벡터 안에서 최댓값의 인덱스, which.min( ) 함수는 최솟값의 인덱스를 알아내는 함수이다.

```
> height<- c(172, 168, 184, 175, 177, 182, 163, 161)
> index<- which(height<=177)         # 키가 177 이하인 값들의 인덱스
> height[index] <- 160               # 키가 177 이하인 값들은 160으로 변경
> height                             # 변경된 데이터 확인
[1] 160 160 184 175 177 182 160 160
> index<- which(height>=180)         # 키가 180 이상인 값들의 인덱스
> height.tall <- height[index]       # 키가 180 이상인 값들만 추출하여 저장
> height.tall                        # height.tall의 내용 확인
[1] 184 182
> score <- c(74,61,82,93)
> names(score) <- c('Jun','Hee','Tom','Hun')
> score                              # 성적 데이터 출력
Jun Hee Tom Hun
 74  61  82  93
> index <- which.max(score)
> names(score)[idx]                  # 성적이 제일 좋은 학생의 이름
[1] "Hun"
```

which( ) 함수는 조건에 충족되는 값에 따라서 벡터, 매트릭스, 데이터 프레임의 인덱스 값을 찾아내어 키값(key value)을 쉽게 추출할 수 있다.

I 빅데이터 개요

II R 시작하기

III 데이터 탐색

IV 예측 모델링과 선형 회귀

V 디지털 영상 처리

VI 부록

01. 패키지를 R에서 사용할 수 있도록 불러오는 함수를 작성하시오.

02. R에 대한 설명이 아닌 것은?

　　① R은 통계를 포함한 데이터 분석 작업에 활용할 목적으로 개발된 언어이다.
　　② R의 프로그램은 스크립트(script)라고 부른다.
　　③ 데이터 전문가를 위한 학습 자료 및 프로그램이다.
　　④ R은 컴파일 과정 없이도 바로 실행하여 결과를 확인할 수 있다.

03. R에서 데이터형 변환 함수가 아닌 것은?

　　① as.factor( )　　　　　　　　② as.value( )
　　③ as.integer( )　　　　　　　④ as.matrix( )

04. R에서 제공하는 1차원 자료 구조인 벡터(vector), 리스트(list), 팩터(factor)에
　　대해서 설명하시오.

05. 100부터 125 사이의 숫자로 5x5 매트릭스를 만들어 보시오.

06. 보기의 벡터 데이터를 열과 행 방향으로 결합하여 매트릭스 생성해 보시오.

> m1 <- c(3,4,6,4)
>
> m2 <- c(10,1,7,8)
>
> m3 <- c(15,3,5,9)

07. 보기의 데이터를 하나로 묶어 데이터 프레임으로 저장하여 출력하시오.

> age <- c(21, 18, 23, 22)
>
> height <- c(180, 165, 163, 182)
>
> gender <- c('M', 'F', 'F', 'M')

08. for문을 중첩으로 사용하여 구구단을 출력하시오.

```
2 * 1 = 2    2 * 2 = 4    2 * 3 = 6    2 * 4 = 8    2 * 5 = 10   2 * 6 = 12   2 * 7 = 14   2 * 8 = 16   2 * 9 = 18
3 * 1 = 3    3 * 2 = 6    3 * 3 = 9    3 * 4 = 12   3 * 5 = 15   3 * 6 = 18   3 * 7 = 21   3 * 8 = 24   3 * 9 = 27
4 * 1 = 4    4 * 2 = 8    4 * 3 = 12   4 * 4 = 16   4 * 5 = 20   4 * 6 = 24   4 * 7 = 28   4 * 8 = 32   4 * 9 = 36
5 * 1 = 5    5 * 2 = 10   5 * 3 = 15   5 * 4 = 20   5 * 5 = 25   5 * 6 = 30   5 * 7 = 35   5 * 8 = 40   5 * 9 = 45
6 * 1 = 6    6 * 2 = 12   6 * 3 = 18   6 * 4 = 24   6 * 5 = 30   6 * 6 = 36   6 * 7 = 42   6 * 8 = 48   6 * 9 = 54
7 * 1 = 7    7 * 2 = 14   7 * 3 = 21   7 * 4 = 28   7 * 5 = 35   7 * 6 = 42   7 * 7 = 49   7 * 8 = 56   7 * 9 = 63
8 * 1 = 8    8 * 2 = 16   8 * 3 = 24   8 * 4 = 32   8 * 5 = 40   8 * 6 = 48   8 * 7 = 56   8 * 8 = 64   8 * 9 = 72
9 * 1 = 9    9 * 2 = 18   9 * 3 = 27   9 * 4 = 36   9 * 5 = 45   9 * 6 = 54   9 * 7 = 63   9 * 8 = 72   9 * 9 = 81
```

09. for문과 if문을 사용하여 1부터 10 사이의 모든 수의 합과 홀수의 합을 구하는 코드를 각각 작성하고 결과를 구하시오.

10. while문을 사용하여 입력한 숫자에 따라서 '*'를 출력하고 0을 입력하면 종료가 되도록 작성하시오.

```
number: 2
**
number: 3
***
number: 6
******
number: 10
**********
number: 0
**
```

11. 곱셈에 대한 사용자 정의 함수를 생성하여 저장한 후에 재실행하여 값을 연산하시오.

```
a <-user_mul(10, 10)
    b <-user_mul(10, 5)
    a/b
```

12. 사용자 함수를 생성하여 두 개의 수를 입력과 연산 부호를 선택(숫자를 입력)하여 사칙연산이 가능하도록 작성해 보시오.

```
1 : 덧셈, 2 : 곱셈, 3 : 뺄셈, 4 : 나눗셈

> user.arithmetic(10,10,1)
[1] 20
> user.arithmetic(20,10,2)
[1] 10
> user.arithmetic(2,10,3)
[1] 20
> user.arithmetic(100,10,4)
[1] 10
```

13. 다음은 어느 반의 중간/기말고사에 대한 시험 성적이다. 각 시험 성적에 대한 데이터 프레임과 중간, 기말 시험에 대한 평균(rowMeans()) 및 석차(order())를 데이터 프레임으로 나타내시오.

중간

	미적분학	일반물리학	일반화학	대학영어	현대도시건축산책
철수	90	89	92	89	89
영희	84	88	90	95	83
길동	60	75	93	85	81

기말

	미적분학	일반물리학	일반화학	대학영어	현대도시건축산책
철수	93	82	81	90	94
영희	86	84	88	93	91
길동	88	71	93	87	96

이름	평균	석차		이름	평균	석차
1 철수	89.2	1		1 철수	88.6	2
2 영희	87.2	2		2 영희	89.4	1
3 길동	72.0	3		3 길동	87.0	3
중간 고사				기말 고사		

14. 위의 시험 성적에 대한 데이터 프레임을 경로 "C:/RDatum"에 "grade.csv" 파일로 저장해 보시오.

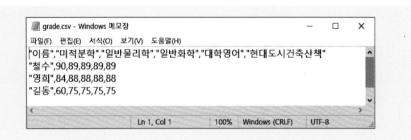

15. 조건문을 사용하여 위의 시험 성적의 과목 평균을 학점을 적용하여 데이터 프레임에 추가해 보시오.

90점 이상 'A', 80점 이상 'B', 70점 이상 'C', 60점 이상 'D', 60점 이하 'F'							
	이름	평균	석차	학점		이름	평균	석차	학점
1	철수	89.2	1	B	1	철수	88.6	2	B
2	영희	87.2	2	B	2	영희	89.4	1	B
3	길동	72.0	3	C	3	길동	87.0	3	B
중간고사					기말고사				

III

데이터 탐색

데이터 분석을 하기 위한 기본적인 변수 변환에 대한 방법과 데이터 분석을 하기 이전에 전처리에 대한 중요성에 대해서 이해한다. 기본 그래프보다 자유롭고 다양하게 시각화하기 위한 ggplot에 대한 사용 방법에 대해서 살펴본다.

I
빅데이터 개요

II
R 시작하기

III
데이터 탐색

IV
예측 선형 회귀
모델링과

V
디지털 영상 처리

VI
부록

CHAPTER 01 >> 데이터 분석

학습
목표
1. 데이터 분석을 위한 단일·다중 변수에 대해 설명할 수 있다.
2. 데이터 전처리에 대해 설명할 수 있다.

1 단일·다중 변수

1) 데이터 탐색이란

(1) 문제 정의 및 계획

데이터 분석은 해결하려는 문제를 명확히 정의하는 것에서 시작해야 하며, 문제 해결을 위해 어떤 데이터를 수집하고 분석할지에 대한 계획을 수립해야 한다.

(2) 데이터 수집

문제가 명확히 정의되면 문제를 해결하기 위해 필요한 데이터가 무엇인지 파악하고, 이러

한 데이터들을 수집하는 과정을 거친다. 문제 해결에 필요한 데이터는 다양한 형태로 존재한
다. (ex : 데이터베이스, 엑셀 파일, 문서 등)

(3) 데이터 정제 및 전처리

수집 데이터는 바로 분석에 사용할 수 없을 때가 많다(ex : 단위, 결측값, 이상값). 수집 데이터
를 분석 가능한 형태로 정돈하는 데이터 정제 또는 전처리(data preprocessing) 과정 필요하다.

(4) 데이터 탐색

분석을 위해 정돈된 데이터 자체를 이해하고 파악하는 가벼운 데이터 분석 과정이다. 비교
적 간단하고 쉬운 통계 기법을 적용하여 전반적인 데이터의 내용을 파악한다. 탐색적 데이터
분석(EDA, Exploratory Data Analysis)이라고도 한다.

[그림 III-1-1] 데이터 분석의 절차

(5) 데이터 분석

데이터 탐색에서 파악한 정보를 바탕으로 보다 심화된 분석을 수행한다. (ex : 군집 분석, 분류
분석, 주성분 분석, 시계열 분석 등)

(6) 결과 보고

데이터 분석 및 해석을 보고서 형태로 작성한다. 최초 정의했던 문제점에 대해서 결과를 도출하기 위해서 내용을 요약하며, 데이터 시각화 기술이 중요하게 활용된다.

2) 탐색적 데이터 분석의 이해

수집 데이터를 이해하기 위한 기초 분석 단계이며 데이터 분석은 수집한 데이터의 종류에 따라 사용하는 분석 도구가 달라진다.

데이터의 종류	자료 구조		분석 도구
단일 변수	범주형	팩터 벡터	도수분포표 막대그래프 원그래프
	수치형	벡터	평균, 중앙값, 분산, 4분위수 히스토그램 선그래프 상자그림
다중 변수	수치형	매트릭스 데이터프레임	산점도 상관계수 나무지도 방사형차트

① 1차원 데이터 : 수집 주제 하나 = 단일 변수 (일반적 형태)

② 2차원 데이터 : 여러 개의 수집 주제 = 다중 변수

3) 단일 변수 범주형 데이터 분석

(1) 타이타닉호 데이터 분석

carData 패키지의 TitanicSurvival 데이터 세트를 사용하며 탑승객의 성별, 연령대, 탑승 선실, 생존 여부 등을 담은 다중 변수 데이터이다.

I 빅데이터 개요

II R 시작하기

III 데이터 탐색

IV 예측 선형 회귀 모델링과

V 디지털 영상 처리

VI 부록

➥ 설치 : install.packages('carData')

① table( ) 함수를 이용하여 탑승객의 성별 데이터를 gender.table에 저장한다.

```
> library(carData)
> summary(TitanicSurvival)
 survived      sex          age            passengerClass
 no :809   female:466   Min.   : 0.1667    1st:323
... (생략)
                        NA's   :263
> room.class <- TitanicSurvival$passengerClass
> age.class <- TitanicSurvival$age
> gender.class <- TitanicSurvival$sex
> gender.table <- table(gender.class)
> gender.table
gender.class
female   male
   466    843
> sum(gender.table)        # 전체 탑승객 수
[1] 1309
```

② 막대그래프를 통해 탑승객의 성별을 시각화한다.

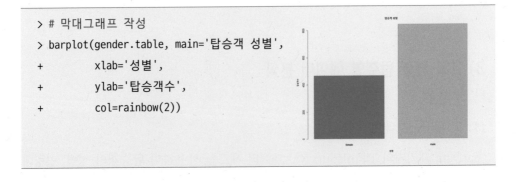

```
> # 막대그래프 작성
> barplot(gender.table, main='탑승객 성별',
+         xlab='성별',
+         ylab='탑승객수',
+         col=rainbow(2))
```

③ 선실별 탑승객 수를 전체 탑승객 수로 나누어 선실별 탑승객 비율 계산하며, 원그래프를 사용하여 선실별 탑승객 비율을 시각화한다.

```
> #원그래프 작성
> gender.table/sum(gender.table)
> room.table <- table(room.class)
> room.table/sum(room.table)    # 선실별 탑승객 비율
room.class
      1st       2nd       3rd
0.2467532 0.2116119 0.5416348
> par(mar=c(1,1,4,1))
> pie(room.table, main='선실별 탑승객',
+        col=rainbow(3))
> par(mar=c(5.1,4.1,4.1,2.1))
```

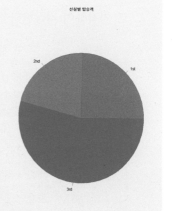

➜ par( ) 함수를 사용하여 원그래프의 바깥쪽 여백 조절

TIP

par 함수의 mar 인수는 데이터를 시각화하여 보여 주는 플롯 영역의 여백(margin)을 설정하는 인수로 값은 차례로 플롯의 아래쪽(Margin 1), 왼쪽(Margin 2), 위쪽(Margin 3), 오른쪽(Margin 4) 여백을 의미한다.

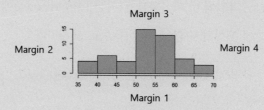

화면 분할하여 여러 그래프를 한 화면에 그리고 싶을 경우 par(mfrow=c(x축 방향으로 분할 수, y축 방향으로 분할 수)) 함수로 나타낼 수 있다.

I 빅데이터 개요

II R 시작하기

III 데이터 탐색

IV 예측 모델링과 선형 회귀

V 디지털 영상 처리

VI 부록

(2) 영국 폐질환 사망자 분석하기

① 1974~1979년 사이의 영국 폐질환 사망자 월별 통계 정리이며, 엑셀 또는 메모장을 이용하여 [표 III-1]의 내용을 작성하여 'c:/RDatum' 경로에 'lung.disease.csv' 파일 이름으로 지정하여 저장한다.

[표 III-1] 영국 폐질환 사망자 월별 통계(1974~1979)

year	Jan	Feb	Mar	Apr	May	Jun	Jul	Aug	Sep	Oct	Nov	Dec
1974	901	689	827	677	522	406	441	393	387	582	578	666
1975	830	752	785	664	467	438	421	412	343	440	531	771
1976	767	1141	896	532	447	420	376	330	357	445	546	764
1977	862	660	663	643	502	392	411	348	387	385	411	638
1978	796	853	737	546	530	446	431	362	387	430	425	679
1979	821	785	727	612	478	429	405	379	393	411	487	574

월별 통계 데이터를 확인하기 위해서 시간의 흐름에 따른 값의 변화를 알아보는 것이 목적으로 선그래프를 작성한다.

② lung.disease.csv 파일에서 데이터를 읽어서 lung.disease에 저장하고 row.names = 'year' 연도를 값에 포함하지 않고 행 이름으로 표시한다.

```
> lung.disease <- read.csv('c:/RDatum/lung.disease.csv', row.names='year')
> lung.disease
       Jan Feb Mar Apr May Jun Jul Aug Sep Oct Nov Dec
1974   901 689 827 677 522 406 441 393 387 582 578 666
 ...(생략)
1979   821 785 727 612 478 429 405 379 393 411 487 574
```

③ 6년치 월별 사망자 수를 연도별로 선그래프를 겹쳐서 작성해야 한다.

➡ 선의 색(col)과 종류(lty)를 각각 다르게 하기 위해서 user.col과 user.lty에 6개의 선 색과 종류를
미리 저장한다.

④ llung.disease[1,]은 1974년도의 데이터를 이용해 선그래프를 작성한다.

```
# 선그래프 작성
> user.col <- c('black', 'blue','red', 'green','purple','dark gray')
> user.lty <- 1:6
> plot(1:12, # x data
+      lung.disease[1,],        #y data(1974년 데이터)
+      main='월별 사망자 추이', # 그래프 제목
+ type='b',                     # 그래프 종류
+ lty=user.lty[2],             # 선의 종류
+ xlab='Month',                # x축 레이블
+     ylab='사망자수',         # y축 레이블
+ ylim=c(300,1200),            # y축 값의 범위
+ col=user.col[3]              # 선의 색
+ )
```

⑤ 나머지 5개년도의 그래프를 추가하기 위해 5번의 lines( ) 함수 사용하며, 반복적인 작업이므로 for문을 이용하여 간단히 작성한다.

```
> for( i in 2:6) {
+ lines(1:12, # x data
+ lung.disease[i,],    # y data(1975~1979)
+ type='b',            # 그래프 종류
+ lty=user.lty[i],     # 선의 종류
+ col=user.col[i]      # 선의 색
+ )
+ }
```

⑥ 범례를 추가해 그래프의 각 추세선이 어느 연도의 것인지 알 수 있도록 하며, 폐질환은 계절적 요인의 영향을 많이 받는 것을 알 수 있다.

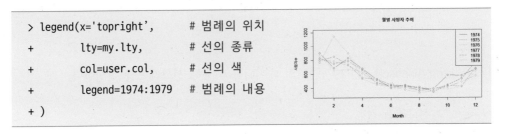

4) 두 변수의 상관관계

다중 변수 데이터는 변수들의 개별 분석보다 변수 간의 관계를 찾는 것이 더 중요하다.

(1) Pressure 데이터 세트를 통해 온도와 기압의 관련성 분석

① head( ) 함수로 데이터 확인하면 데이터 세트에는 온도와 기압 측정값을 담고 있다.

```
> head(pressure)
  temperature  pressure
1          0    0.0002
 ...(생략)
6        100    0.2700
```

② plot( ) 함수로 산점도를 그려 온도와 기압 사이의 관계 확인한다.

　➡ 온도와 기압은 일정한 관계가 있음을 확인

③ 산점도의 그래프만으로는 x축 변수와 y축 변수 사이에 특별한 관련성을 찾아보기 어렵다.

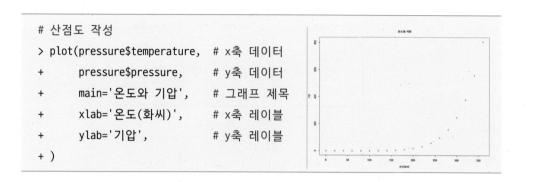

```
# 산점도 작성
> plot(pressure$temperature,    # x축 데이터
+       pressure$pressure,       # y축 데이터
+       main='온도와 기압',       # 그래프 제목
+       xlab='온도(화씨)',        # x축 레이블
+       ylab='기압',             # y축 레이블
+ )
```

(2) 상관관계

두 변수가 상관관계에 있는 경우에는 x축 변수 값이 증가하면 y축 변수 값이 비례해서 증가하거나, x축 변숫값이 증가하면 y축 변숫값이 비례해서 감소하는 경우이다.

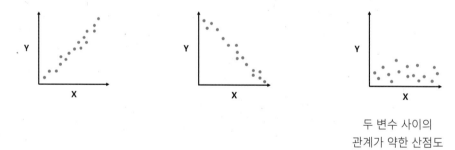

두 변수 사이의
관계가 약한 산점도

[그림 III-1-2] 두 변수에 대한 상관관계

① 상관계수(correlation coefficient): 상관관계를 수치로 나타낸 −1에서 1 사이의 값이다.

- 상관계수가 0인 경우: 두 변수 X, Y 사이에 상관성을 찾기 어렵다.
- 상관계수가 (-)인 경우: X, Y가 반비례, 음의 상관관계에 있다.
- 상관계수가 (+)인 경우: X, Y가 비례, 양의 상관관계에 있다.

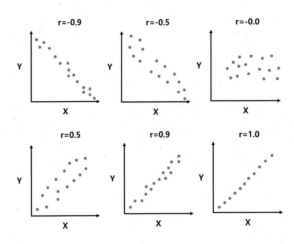

[그림 III-1-3] 수치로 나타낸 상관관계

(3) car 데이터 세트를 이용한 산점도와 상관계수 계산

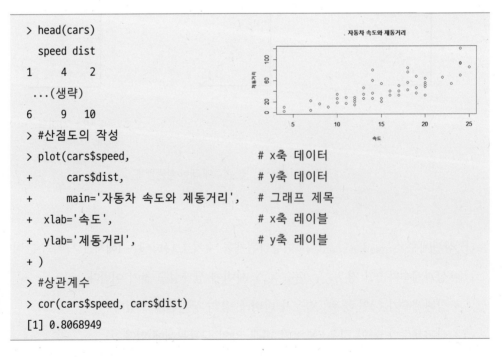

```
> head(cars)
   speed dist
1     4    2
 ...(생략)
6     9   10
> #산점도의 작성
> plot(cars$speed,              # x축 데이터
+      cars$dist,               # y축 데이터
+      main='자동차 속도와 제동거리',   # 그래프 제목
+   xlab='속도',                # x축 레이블
+   ylab='제동거리',            # y축 레이블
+ )
> #상관계수
> cor(cars$speed, cars$dist)
[1] 0.8068949
```

상관계수는 약 0.8068을 나타내고 있으므로 자동차 속도와 제동 거리는 강한 양의 상관관계를 보인다.

(4) 다중 변수 사이의 상관관계

```
> head(state)
          Population Income Illiteracy Life.Exp Murder HS.Grad Frost   Area
Alabama         3615   3624        2.1    69.05   15.1    41.3    20  50708
  ...(생략)
Colorado        2541   4884        0.7    72.06    6.8    63.9   166 103766
> plot(state)       #다중 산점도 작성
> cor(state)        #다중 상관계수
           Population       Income  Illiteracy     Life.Exp      Murder
Population 1.00000000    0.2082276  0.10762237  -0.06805195   0.3436428
  ...(생략)
Area       0.02254384    0.3633154  0.07726113  -0.10733194   0.2283902
```

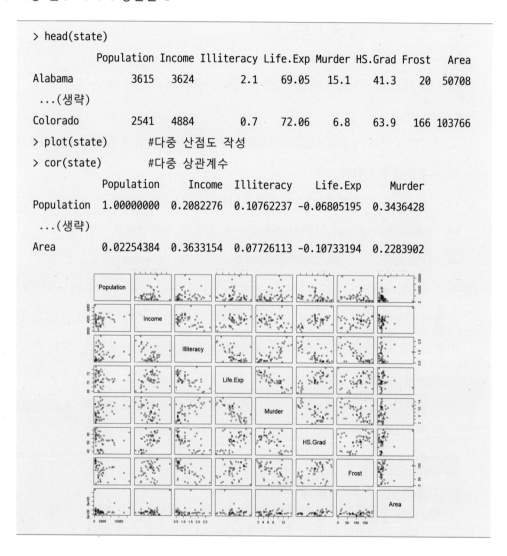

① 변수가 3개 이상인 데이터는 변수를 2개씩 짝지어서 상관관계를 분석할 수 있다.

② state.x77 데이터 세트를 대상으로 분석

- Population : 인구수

- Income : 1인당 소득

- Illiteracy : 문맹률

- Life Exp : 기대 수명
- Murder : 인구 10만 명당 살인 범죄율
- HS Grad : 고등학교 졸업률
- Frost : 대도시 지역에서 최저 기온이 영하 이하인 날의 평균 일수
- Area : 면적

③ state.x77은 자료 구조가 매트릭스이므로 분석의 편의를 위해 데이터 프레임으로 변환하고 내용을 확인한다.

④ 다중 산점도를 보면 일부 상관관계가 확인한다.

➡ 기대 수명(Life.Exp)과 살인 범죄율(Murder)은 음의 상관관계로 보인다.

➡ 1인당 소득(Income)과 고등학교 졸업률(HS.Grad)은 양의 상관관계로 보인다.

⑤ 상관계수를 구하는 cor( ) 함수에 2개의 변수가 아닌 3개 이상의 변수 데이터를 입력하면 다중 산점도와 비슷한 형태의 결과가 나타난다. 기대 수명(Life.Exp)과 살인 범죄율(Murder)은 상관계수 값이 −0.78로 매우 강한 음의 상관관계가 있다. 1인당 소득(Income)과 고등학교 졸업률(HS.Grad)의 상관계수는 0.62로 어느 정도 상관관계가 있다.

⑥ 살인 범죄율(Murder)과 문맹률(Illiteracy)의 상관계수는 0.70으로 상당히 높은 상관관계가 있다.

> **TIP**
>
> 상관관계는 인과관계를 의미하지는 않는다.
> ex) 기대 수명(Life.Exp)과 살인 범죄율(Murder)의 상관계수 값이 높다고 해서
> 범죄가 원인이 되어 기대 수명이 낮아진다고 단정할 수는 없다.

2 데이터 전처리

데이터 전처리(data preprocessing)는 확보한 데이터를 정제하고 가공하여 분석에 적합한 형태로 만드는 과정이며, 현실에서는 잘 정리된 데이터 세트를 바로 얻는 경우가 많지 않다. 데이터 전처리는 전체 분석 과정에서 오랜 시간을 차지한다.

1) 결측값의 처리

결측값은 데이터 수집, 저장 과정에서 값을 얻지 못하는 경우 발생한다(NA로 표현). 결측값이 섞여 있는 데이터 세트를 분석할 때 문제를 일으킨다(ex : 합, 평균 계산 시).

① 결측값은 2가지 방법으로 처리한다.
- 결측값을 제거하거나 제외한 후 분석
- 결측값을 추정하여 적당한 값으로 치환한 후 분석

② 2개의 결측값(NA)이 포함된 벡터 value를 지정한다.

```
> value <- c(8,10,2,NA,14,NA,11,NA)        # 결측값이 포함된 벡터 value
```

③ 결측값이 포함된 상태에서 sum( ) 함수 실행 시 NA가 출력된다.

```
> sum(value)            # 정상적으로 계산이 되지 않음
[1] NA
```

④ is.na( ) 함수로 벡터 value에 NA가 있는지 확인한다.
↪ 값이 NA면 TRUE, 아니면 FALSE로 출력된다.

```
> is.na(value)              # NA 여부 확인
[1] FALSE FALSE FALSE  TRUE FALSE  TRUE FALSE TRUE
```

⑤ TRUE의 개수를 센다.

➥ TRUE와 FALSE가 계산에 사용되면 TRUE = 1, FALSE = 0으로 변환된다.

```
> sum(is.na(value))          # NA의 개수 확인
[1] 3
```

⑥ sum( ) 함수에서 NA값을 제외하고 계산하려면 na.rm 매개변수를 사용한다.

➥ na.rm = TRUE로 지정하면 NA를 제외하고 합계 계산된다.

```
> sum(value, na.rm=TRUE)       # NA를 제외하고 합계를 계산
[1] 45
```

(1) 벡터의 결측값

NA를 다른 값으로 대체하는 방법과 NA를 제거하는 방법이다.

① is.na(v1)는 벡터 v1에서 NA는 TRUE로, NA가 아니면 FALSE로 변환하여 결과를 반환
한다. v1[is.na(v1)]는 v1에 있는 NA값들만 선택한다.

```
> v1 <- c(1,2,3,NA,5,NA,8)    # 결측값이 포함된 벡터 v1
> v2 <- c(5,8,1,NA,3,NA,7)    # 결측값이 포함된 벡터 v2
> v1[is.na(v1)] <- 0          # NA를 0으로 치환
> v1
[1]  7  8 10  0 11  0 14
```

② na.omit(v2)는 벡터 v2에서 NA값들을 제거하고 결과의 자료 구조가 벡터가 아니기 때문에 as.vector( ) 함수로 벡터로 만든다.

```
> v3 <- as.vector(na.omit(v2))      # NA를 제거하고 새로운 벡터 생성
> v3
[1] 5 8 1 3 7
```

(2) 매트릭스와 데이터 프레임의 결측값

NA가 포함된 데이터 프레임 mtcars.test를 생성하고 확인한다.

```
# NA를 포함하는 test 데이터 생성
> mtcars.test <- mtcars
> mtcars.test[1,1] <- NA; mtcars.test[1,3] <- NA
> mtcars.test[3,5] <- NA; mtcars.test[3,8] <- NA
> head(mtcars.test)
               mpg cyl disp  hp drat    wt  qsec vs am gear
Mazda RX4       NA   6   NA 110 3.90 2.620 16.46  0  1    4
Mazda RX4 Wag 21.0   6  160 110 3.90 2.875 17.02  0  1    4
Datsun 710    22.8   4  108  93   NA 2.320 18.61 NA  1    4
...(생략)
```

① for문 및 apply( ) 함수를 사용하여 열(column)별로 결측값을 확인한다.

　㉠ for문을 살펴보면 is.na( ) 함수를 통해 각 열별로 NA의 개수를 파악한 뒤 cat( ) 함수를 통해 열 이름과 NA의 개수를 출력한다.

```
> for (i in 1:ncol(mtcars.test)) {
+   this.na <- is.na(mtcars.test [,i])
+   cat(colnames(mtcars.test )[i], '\t', sum(this.na), '\n')
+ }
mpg      1
cyl      0
```

```
disp      1
hp        0
drat      1
wt        0
qsec      0
vs        1
...(생략)
```

ⓛ 열별로 NA의 값을 파악하는 col_na( ) 함수를 정의하며, apply( ) 함수에서 각 열별
로 column_na( ) 함수를 적용하여 결과를 얻는다.

```
> column_na <- function(y) {
+   return(sum(is.na(y)))
+ }
> na_ct <-apply(mtcars.test, 2, FUN=column_na)
> na_ct
 mpg  cyl disp   hp drat   wt qsec   vs   am gear carb
   1    0    1    0    1    0    0    1    0    0    0
```

② 행(row)별로 결측값을 확인한다.

```
> rowSums(is.na(mtcars.test))              # 행별 NA 개수
         Mazda RX4      Mazda RX4 Wag          Datsun 710
                 2                  0                   2
    ...(생략)
> sum(rowSums(is.na(mtcars.test))>0)       # NA가 포함된 행의 개수
[1] 2
> sum(is.na(mtcars.test))                  # 데이터 세트 전체에서 NA 개수
[1] 4
```

ⓐ ! : 부정(not)을 의미하는 논리연산자이며, !complete.cases(mtcars.test)은 완전하지 않은 행에 NA를 포함한 행들을 의미한다.

```
> mtcars.test[!complete.cases(mtcars.test),]      # NA가 포함된 행들을 나타냄
            mpg cyl disp  hp drat   wt qsec  vs am gear carb
Mazda RX4    NA   6   NA 110  3.9 2.62 16.46  0  1    4    4
Datsun 710 22.8   4  108  93   NA 2.32 18.61 NA  1    4    1
```

ⓑ NA가 포함된 행은 제외하고 새로운 데이터 세트를 만들고 complete.cases( ) 함수 사용, NA가 포함되지 않은 행들의 인덱스를 찾아 준다.

```
> mtcars.test<- mtcars.test[complete.cases(mtcars.test),]   # NA가 포함된 행들을 제거
> head(mtcars.test,3)                              # NA 제거된 데이터 세트의 내용 확인
                 mpg cyl disp  hp drat    wt  qsec vs am gear carb
Mazda RX4 Wag   21.0   6  160 110 3.90 2.875 17.02  0  1    4    4
Hornet 4 Drive  21.4   6  258 110 3.08 3.215 19.44  1  0    3    1
Hornet Sportabout 18.7 8  360 175 3.15 3.440 17.02  0  0    3    2
```

(3) 집계

집계(aggregation)는 특정값 기준으로 데이터를 그룹으로 묶거나 그룹에 포함된 합계, 평균 등과 같은 조합된 값으로 나타낼 수 있다.

① aggregate( ) 함수 사용

ⓐ mtcars 데이터 세트에서 실린더의 수를 기준으로 열의 평균값이다.

```
> cylinder.mean=aggregate(mtcars[,-2], by=list(cylinder = mtcars$cyl), FUN=mean)
> cylinder.mean
  cylinder    mpg     disp       hp     drat       wt     qsec        vs ...
1        4 26.66364 105.1364  82.63636 4.070909 2.285727 19.13727 0.9090909
...(생략)
3        8 15.10000 353.1000 209.21429 3.229286 3.999214 16.77214 0.0000000
```

ⓛ aggregate(data, by = '기준이 되는 컬럼', FUN) 함수에 있는 각 매개변수의 의미한다.

```
- data : 집계 작업을 수행할 대상 데이터 세트
- by='기준이 되는 열' : 집계 작업의 기준이 되는 열의 값임
- FUN : 집계 작업의 내용이 평균(mean) 계산임
```

ⓒ 실린더의 수를 기준으로 열의 평균값과 기준이 되는 조건(배기량 140 이상)을 추가하였으며, 조건에 따라서 FALSE, TRUE로 나타낸다.

```
> condition.mean=aggregate(mtcars[,-c(2,3)], by=list(cylinder = mtcars$cy,
  displacement=mtcars[,'disp'] >=140),FUN=mean)
> condition.mean
  cylinder displacement      mpg        hp      drat       wt     qsec ...
1        4        FALSE 27.34444  83.55556 4.130000 2.089222 18.62333
...(생략)
4        8         TRUE 15.10000 209.21429 3.229286 3.999214 16.77214
```

ⓓ 실린더의 수를 기준으로 열의 표준 편차와 기준이 되는 조건(배기량 140 이상)을 추가하였으며, 조건에 따라서 FALSE, TRUE로 나타낸다.

```
> standard.deviation=aggregate(mtcars[,-c(2,3)],list(cylinder = mtcars$cy,
  displacement=mtcars[,'disp'] >=140),FUN=sd)
> standard.deviation
  cylinder displacement      mpg       hp      drat         wt     qsec ...
1        4        FALSE 4.732365 21.78366 0.3768952 0.40801709 1.174021
:...(생략)
4        8         TRUE 2.560048 50.97689 0.3723618 0.75940474 1.196014
```

(4) 조합

조합(combination)은 주어진 데이터값 중에서 몇 개씩 짝을 지어 추출하는 작업으로, combn( ) 함수를 사용한다.

① combn( ) 함수의 실행 결과를 보면 하나의 열이 하나의 조합을 나타낸다.

```
> combn(10:15,3)                # 10~15 에서 3개를 뽑는 조합
     [,1] [,2] [,3] [,4] [,5] [,6] [,7] [,8] [,9] [,10] [,11]
[1,]   10   10   10   10   10   10   10   10   10    10    11
 ...(생략)
[3,]   12   13   14   15   13   14   15   14   15    15    13
```

② 5개의 문자에 대해 2개씩 문자의 조합으로 출력이 되며, 두 가지 문자로 조합을 보기 쉽게 가로 방향으로 짝지어 출력되는 것을 볼 수 있다.

```
> select.value <- combn(value,2)        # value의 원소를 2개씩 뽑는 조합
> select.value
     [,1] [,2] [,3] [,4] [,5] [,6] [,7] [,8] [,9] [,10]
[1,] "A"  "A"  "A"  "A"  "B"  "B"  "B"  "C"  "C"  "D"
[2,] "B"  "C"  "D"  "E"  "C"  "D"  "E"  "D"  "E"  "E"
> for(i in 1:ncol(select.value)) {        # 조합을 출력
+     print(select.value[,i])
+ }
[1] "A" "B"
...(생략)
[1] "D" "E"
```

(5) 샘플링

  샘플링(sampling)는 주어진 값들에서 임의의 개수만큼 값을 추출하는 작업을 여러번 반복하여 새로운 값을 추출할 때 사용된다.

- 한 번 뽑은 값은 제외한 뒤 새로운 값을 추출하는 방식 -> 비복원 추출
- 뽑았던 값을 다시 포함시켜 새로운 값을 추출하는 방식 -> 복원 추출

  샘플링이 필요한 경우 데이터 세트가 너무 커 분석에 시간이 많이 걸리는 경우, 일부의 데이터만 추출하여 대략의 결과를 미리 확인한다.

① sample( ) 함수에서 size는 추출할 값의 개수를 지정하는 매개변수, replace=FALSE는
비복원 추출한다.

```
> input<- 1:100
> output <- sample(input, size=12, replace=FALSE)        # 비복원 추출
> output
 [1] 140  38 100 161 186  41  16   6 128 115  80  63
```

② 1~32 숫자 중 15개를 임의로 추출하여 index에 저장한다.

➥ nrow( ) 함수는 행의 개수를 반환한다.

```
> index <- sample(1:nrow(mtcars), size=15, replace=F)
```

③ index값에 따라 15개의 행을 추출하여 mtcars.test에 저장하며, mtcars.test의 행은 15
개 열은 11개이다. 행 번호가 일정한 규칙이 없는데, 이는 임의로 추출되었음을 의미
한다.

```
> mtcars.test <- mtcars[index,]     # 15개의 행 추출
> dim(mtcars.test)                  # 행과 열의 개수 확인
[1] 15 11
> head(mtcars.test)
                  mpg cyl  disp  hp drat    wt  qsec vs am
Porsche 914-2    26.0   4 120.3  91 4.43 2.140 16.70  0  1
 ...(생략)
Pontiac Firebird 19.2   8 400.0 175 3.08 3.845 17.05  0  0
```

(6) 임의 추출을 하되 재현 가능한 결과가 필요한 경우

① sample( ) 함수를 실행하게 되면 단순 임의 추출(simple random sampling)로 출력하게 된다.

```
> sample(1:100, size=5)
[1] 74 81 35 17 15
> sample(1:100, size=5)
[1]  5 94 83 43 39
> sample(1:100, size=5)
[1] 49  9 59 80 76
```

② set.seed(초기 시작 파라미터) 함수를 실행하지 않으면 샘플링할 때마다 매번 다른 결과가 나오며, sample( ) 함수를 한번 실행할 때마다 다시 실행해 주어야 한다.

```
> set.seed(1234)
> sample(1:100, size=5)
[1] 28 80 22  9  5
> set.seed(1234)
> sample(1:100, size=5)
[1] 28 80 22  9  5
> set.seed(1234)
> sample(1:100, size=5)
[1] 28 80 22  9  5
```

③ 특정한 원소가 나올 확률을 넣어줄 때 prob라는 인자에 각각의 원소에 상응하는 발생 확률을 넣어주면 된다. 복원 추출을 선택하고 6부터 10까지의 숫자 중에서 7, 9번의 확률을 0.8(80%)로 나올 확률을 높여 임의의 추출을 실행하였다.

```
> sample(6:10, 10, replace=T, prob=c(0.1, 0.8, 0.1, 0.8, 0.1))
 [1] 8 9 6 7 9 7 7 9 7 9
```

I
빅데이터 개요

II
R 시작하기

III
데이터 탐색

IV
모델링과 예측 선형 회귀

V
디지털 영상 처리

VI
부록

CHAPTER 02

다양한 그래프 작성

학습
목표

1. 데이터 시각화에 대한 중요성에 대해 설명할 수 있다.
2. 데이터 시각화를 위한 기본 그래프에 대해서 설명할 수 있다.

데이터 시각화(data visualization)은 데이터 분석 과정에서 중요한 기술 중 하나이며, 데이터가 저장하고 있는 정보나 의미를 보다 쉽게 파악할 수 있다. 시각화 결과로부터 중요한 영감을 얻기도 한다.

1 다중 상자 그래프와 나무 지도

1) 월별 기온 변화를 다중 상자 그래프 작성

서울시의 월별 기온 변화에 데이터는 '기상청 기상자료개방포털'에서 기간은 2022.01~2022.12, 장소는 서울시, 데이터는 일별 평균 기온, 평균 최고/최저 기온 등의 데이터를 seoul_temp.csv로 'C:/RDatum' 경로에 저장한다.

➥ url: https://data.kma.go.kr/climate/RankState/selectRankStatisticsDivisionList.do

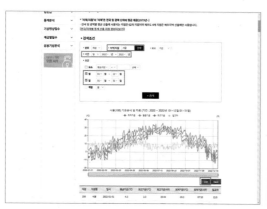
조건별 통계 자료

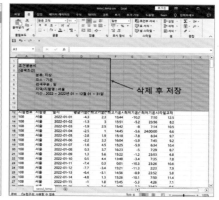
서울시 2022년 평균 기온 데이터

[그림 III-2-1] 서울시의 월별 기온 변화에 대한 기상청 데이터

① 서울시의 2022년도 365일에 대한 데이터로 일시, 일일 평균 기온, 최고 기온 등의 일별 기온 데이터를 불러온다.

```
> seoul.temp <- read.csv('C:/RDatum/seoul_temp.csv', header = T, fileEncoding = "euc-kr")
> dim(seoul.temp)
[1] 373   9
> head(seoul.temp)
  X..지점번호 지점명       일시 평균 기온... 최고 기온... X.최고 기온 시각 ...
1        108    서울 2022-01-01       -4.3          2.3          15:44
...(생략)
6        108    서울 2022-01-06       -2.2          3.3          16:04
```

② 2022년도 기온 분포는 30.9도 ~ −11.8의 분포를 가지며, 평균 기온 13.3도 등에 대한 정보를 박스플롯으로 나타내었다.

```
> summary(seoul.temp$평균기온...)
   Min. 1st Qu.  Median    Mean 3rd Qu.    Max.    NA's
  -11.8     4.8    14.8    13.3    22.7    30.9       8
```

```
> avg.temp <-seoul.temp$평균기온...
> boxplot(avg.temp,
+           col='blue',
+           ylim=c(-15,35),
+           xlab='서울 2022년 기온',
+           ylab='기온')
```

일과 월에 대한 데이터를 분리하기 위해서 'lubridate' 패키지를 설치해야 한다.

➥ 설치: install.packages('lubridate')

③ 월별 기온 분포은 일일 기온을 월 기준으로 집계하여 평균 계산이며, 평균은 이상값 (outlier)의 영향을 줄이기 위해 중앙값(median) 사용한다. aggregate( ) 집계 결과에서 두 번째 열(월별 평균 기온)만 따로 뽑아 저장한다.

```
> library(lubridate)
> day.temp <-seoul.temp$일시
> month.temp <- c()
> for( i in 1:365){
+ month.temp[i] <- month(day.temp[i])
+ }
> avg.temp<- na.omit(avg.temp)
> month.avg <- aggregate(avg.temp,by=list(month.temp),median)
> head(month.avg)
  Group.1     x
1       1 -2.20
...(생략)
6       6 23.35
```

- avg.temp~month.temp : 일평균 기온(avg_temp)을 월(month.temp)별로 그룹화한다.
- col=rainbow(12) : 상자의 색을 12색으로 나타낸다.

- ylim=c(-15,35): y축에 표시되는 값의 범위를 −15도에서 30도까지 지정한다.

④ 월별 기온 변화를 다중 상자 그림으로 작성하였으며, 여름이 될수록 기온이 높아지고 겨울이 될수록 기온이 낮아진다. 상자의 높이가 5월에는 매우 작고 2월과 12월에 매우 크다. 5월에는 기온 변화가 작고 2, 12월에는 기온 변화의 폭이 크다. 5, 8, 11월에는 특잇값 존재하며, 다른 날에 비해 비정상적으로 기온이 떨어지는 날이 있다는 것을 볼 수 있다.

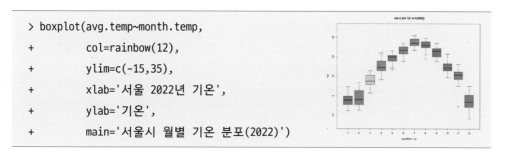

```
> boxplot(avg.temp~month.temp,
+          col=rainbow(12),
+          ylim=c(-15,35),
+          xlab='서울 2022년 기온',
+          ylab='기온',
+          main='서울시 월별 기온 분포(2022)')
```

2) 나무 지도

나무 지도(Treep Map)는 데이터가 갖는 계층 구조를 사각 타일의 형태로 표현, 데이터의 정보를 타일의 크기와 색깔로 나타낼 수 있다.

> 설치: install.packages('treemap')

① 208개 국가의 1인당 총소득(gross national income)을 나타내는 나무 지도이다.

```
> library(treemap)
> data("GNI2014")
> gni2014.data<- GNI2014
> head(gni2014.data)
  iso3      country    continent population   GNI
3 BMU       Bermuda North America     67837 106140
...(생략)
8 LUX    Luxembourg       Europe    491775  75990
```

- data( ) 함수로 실습에 필요한 GNI2014 데이터를 불러옴.

- iso3 : 국가를 식별하는 표준 코드

- country : 국가명

- continent : 국가가 속한 대륙명

- population : 국가의 인구

- GNI : 국가의 국민총소득

```
> treemap(gni2014.data,
+          index=c('continent','iso3'),    # 계층 구조 설정(대륙-국가)
+          vSize='population',              # 타일의 크기
+          vColor='GNI')                    # 타일의 컬러
```

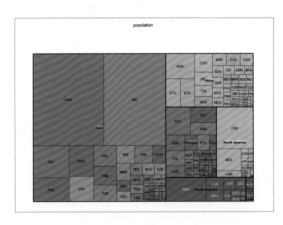

국가 정보에 따른 GNI(1인당 국민총소득)

㉠ 타일의 면적은 인구수와 비례, 타일의 색깔은 GNI 의미이다.

㉡ 타일들은 굵은 테두리선에 의해서 대륙으로 묶여져 있다.

- GNI2014 : 나무 지도를 그릴 대상의 데이터 세트를 의미한다(데이터프레임 형태).

- index=c('continent','iso3') : 타일들이 대륙(continent) 안에 국가(iso3) 형태로 배치

- vSize='population' : 타일 크기를 결정하는 열 지정, 여기서는 인구수(population)

- vColor='GNI' : 타일 색상을 결정하는 열 지정, 여기서는 소득(GNI)

② 미국 50개 주에 대한 통계 데이터를 나타내는 나무 지도이다.

타일의 면적은 주의 면적(Area), 타일의 색깔은 주의 소득(Income)으로 표현(state.x77 데이터의 나무 지도 작성)한다.

```
> library(treemap)                              # treemap 패키지 불러오기
> state <- data.frame(state.x77)                # 매트릭스를 데이터 프레임으로 변환
> # 주의 이름 열 stname을 추가
> state.data <- data.frame(state, stname=rownames(state))
> treemap(state.data,
+         index=c('stname'),                     # 타일에 주 이름 표기
+         vSize='Area',                          # 타일의 크기
+         vColor='Income',                       # 타일의 컬러
+         type='dens',                           # 타일 컬러링 방법
+         title='USA states area and income' )   # 나무 그림의 제목
```

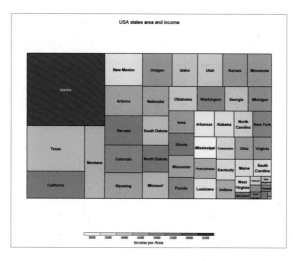

미국 주별 수입의 나무 지도

Alaska 주가 면적도 가장 넓으면서 소득도 가장 높은 주라는 것을 알 수 있다.

- type='value' : 타일의 컬러링 방법 지정 'dens'는 vColor에서 지정한 열의 값 기준 그 외 'value', 'index', 'comp' 등 지정 가능

- title='USA states area and income' : 나무 지도의 제목 지정

1) 방사형 차트

방사형 차트(radar chart)는 레이더 차트 또는 거미줄 차트라고도 부르며, 다중 변수 데이터를 2차원 평면상에 시각화할 수 있는 몇 안 되는 도구 중 하나로, fmsb 패키지 설치가 필요하다.

(1) 학생의 과목별 성적을 방사형 차트로 표현

> 설치: install.packages('fmsb')

```
> library(fmsb)
> score <- c(80,60,95,85,40)
> max.layout <- rep(100,5)                    # 100을 5회 반복
> min.layout <- rep(0,5)                       # 0을 5회 반복
> chart <- rbind(max.layout,min.layout, score)
> chart.data <- data.frame(chart)             # 매트릭스를 데이터프레임
> colnames(chart.data) <- c('견고성','창의성','편의성','디자인','가격')
> chart.data
           견고성 창의성 편의성 디자인 가격
max.layout    100    100    100    100  100
min.layout      0      0      0      0    0
score          80     60     95     85   40
> radarchart(chart.data)          #방사형 차트
```

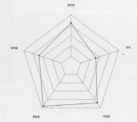

① radarchart( ) 함수가 요구하는 데이터 프레임 형태의 데이터를 준비한다.

➡ 점수 범위의 최댓값

➡ 점수 범위의 최솟값

➡ 실세 방사형 차트에 표시될 값

② 중심점을 기준점으로 밖으로 뻗어가는 방향으로 변수별 값을 표시하며, 축 위의 점들을 서로 연결한다.

③ 매개변수의 지정

```
> colors.lines <- c( rgb(0.2,0.9,0.2,1.0), rgb(0.6,0.2,0.2,1.0))
> colors.border <- c( rgb(0.2,0.9,0.2,0.3), rgb(0.6,0.2,0.2,0.3))
> colors.legends <- c( rgb(0.2,0.9,0.2,0.8), rgb(0.6,0.2,0.2,0.8))
> radarchart(chart.data,                  # 데이터프레임
+            pcol=colors.lines,            # 다각형 선의 색
+            pfcol=colors.border,          # 다각형 내부 색
+            plwd=3,              # 다각형 선의 두께
+            cglcol='grey',       # 거미줄의 색
+            cglty=1,             # 거미줄의 타입
+            cglwd=0.8,           # 거미줄의 두께
+            axistype=1,          # 축의 레이블 타입
+            seg=4,               # 축의 눈금 분할
+            axislabcol='grey',            # 축의 레이블 색
+            caxislabels=seq(0,100,25),    # 축의 레이블 값
+            title = c("Radar chart"))
> # 범례 추가
> legend(x=0.7, y=1, legend = rownames(chart.data[-c(1,2),]), bty = "n",
  pch=20 , col=colors.legends,text.col = "grey", cex=1.2, pt.cex=3)
```

- chart.data : 차트 작성에 사용할 데이터 프레임 이름이다.

- pcol=colors.lines : 차트 내 다각형의 윤곽선 색이다.

- pfcol=rcolors.border : 차트 내 다각형의 내부 색이다.

- plwd=3 : 차트 내 다각형의 윤곽선 두께이다.

- cglcol='grey' : 거미줄의 색이다.

- cglty=1 : 거미줄의 타입, 1은 실선이다.

- cglwd=0.8 : 거미줄의 두께이다.

- axistype=1 : 축의 레이블 타입(0~5)이다.

- 0 : 눈금에 레이블을 붙이지 않음(기본값)

- 1 : 차트 상단 중심축에만 레이블 표시

● seg=4 : 축의 눈금 분할, 이 경우 1~100 사이를 4등분 한다.

● axislabcol='grey' : 축의 눈금 레이블 색이다.

● caxislabels=seq(0,100,25) : 축의 눈금 레이블 값이다.

● seq(0,100,25)는 0, 25, 50, 75, 100을 의미하며, 매개변수 seg에서 지정한 눈금 수와 개수가 맞도록 지정한다.

2) ggplot

다양한 표현의 그래프를 작성을 위해 ggplot을 사용하며, ggplot2 패키지 설치를 필요로 한다. R의 강점 중 하나가 ggplot이라 할 만큼 데이터 시각화에 널리 사용한다.

```
ggplot(data=xx, aes(x=x1,y=x2)) +
  geom_xx( ) +
  geom_yy( ) +
...
```

ggplot 함수의 형태

(1) ggplot 명령문의 형태

① 하나의 ggplot( ) 함수에 여러 geom_xx( ) 함수들이 +로 연결되어 그래프를 완성한다.

② 사용할 데이터 세트(data=xx)와 x, y축으로 사용할 열 이름(aes(x=x1,y=x2))을 지정한다.

③ 어떤 형태의 그래프를 그릴지 geom_xx( ) 함수를 통해 지정한다.

　Ex) geom_bar( ), geom_histogram( ), geom_line( )

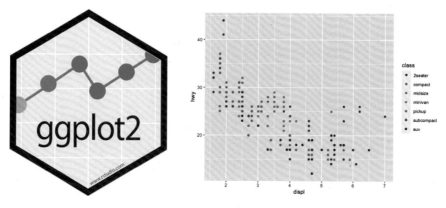

[그림 III-2-2] ggplot

(2) 선 그래프

선 그래프(Line Graph)는 연속적인 직선으로 (x, y) 사이의 관계를 좌표 평면 위에 나타내며, 주로 시간의 흐름에 따라 y값이 변화하는 시계열 그래프를 나타내는 데 많이 사용된다. 일반적으로 선 그래프에서 x축은 시간 또는 시간과 관련된 숫자 타입의 변수로 지정하여, 한 방향으로 변경되는 변수인 경우가 많으며, y축은 데이터 타입이 숫자(numeric) 등으로 적용하여 나타낸다.

① 1937~1960년 항공기 승객들의 이동 거리 통계를 나타내는 선 그래프이다.

```
> library(ggplot2)
> year <- 1937:1960
> cnt <- as.vector(airmiles)
> arimiles.data <- data.frame(year,cnt)
> head(arimiles.data)
  year  cnt
1 1937  412`
  ...(생략)
6 1942 1418
> ggplot(data=arimiles.data, aes(x=year,y=cnt)) +    # 선 그래프 작성
+ geom_line(size=2,col='red')                         # 선의 두께와 색상 설정
```

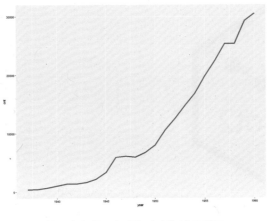

항공기 승객들의 이동 거리의 선 그래프

일반적으로 선 그래프은 일변량으로 그리는 경우보다는 다변량으로 그리는 경우가 많기 때문에 한 그래프 내에서 여러 변량을 나타내기도 한다.

② 오렌지 나무의 종류와 나이에 따른 둘레의 변화를 나타내는 선 그래프이다.

```
> library(ggplot2)
> ggplot(data=Orange) +
+   geom_line(mapping=aes(x=age, y=circumference, group=Tree,
+                         color=Tree, linetype=Tree),size=2)
```

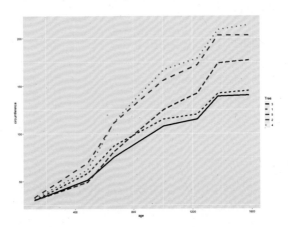

오렌지 나무의 종류와 나이에 따른 둘레

- color=Tree : 나무에 따른 선의 색상을 지정하는 매개변수이다.
- linetype=Tree : 나무에 따른 선을 종류 지정하는 매개변수이다.

(3) 산점도

산점도(Scatter Plot)는 x축과 y축에 연속형인 두 변수의 값을 점으로 뿌려준 그래프로서, 연속형인 두 변수 간의 관계를 파악하는데 유용하며, 다중 회귀 분석을 할 때 일반적으로 많이 사용하여 두 변수 간의 관계성, 선형성 등을 확인할 수 있다.

iris의 꽃잎의 길이(Petal.Length)와 폭(Petal.Width)에 대한 산점도이다.

```
> library(ggplot2)
> ggplot(data=iris, aes(x=Petal.Length, y=Petal.Width)) +
+   geom_point( )
```

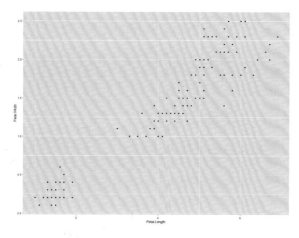

산점도(Scatter Plot)

```
> library(ggplot2)
> ggplot(data=iris, aes(x=Petal.Width, y=Petal.Length, color=Species)) +
+   geom_point(size=4) +                    # 산점도 크기
+   ggtitle('꽃잎의 길이와 폭') +            # 그래프의 제목 지정
+   theme(plot.title = element_text(size=28, face='plain', colour='black'))
```

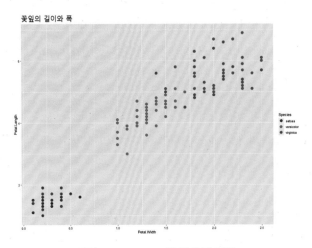

산점도(Scatter Plot)의 색상 및 제목

- aes( ) 함수는 color=Species는 점 색상을 품종에 따라 다르게 하기 위한 옵션이다.
- geom_point( ) 함수의 size=4는 점의 크기를 지정하는 매개변수이다.
- ggtitle( ) 함수와 theme( ) 함수로 산점도의 제목 표시한다.
- theme( ) 함수에 입력하는 매개변수를 의미한다.
- plot.title: ggtitle( ) 함수에서 입력한 제목에 대한 테마를 설정한다.
- size=28 : 제목의 폰트 크기이다.
- face='plain' : 제목을 글씨체를 설정한다.
- colour='black' : 제목의 폰트 색이다.

(4) 막대그래프와 히스토그램

① 과목(subject)과 성적(score) 데이터로 ggplot 막대그래프이다.

```
> library(ggplot2)
> subject <- c('Math','English','Biology','Music','Coding')
> score <- c(88,91,87,78,95)
> grade.data <- data.frame(subject,score)
> grade.data
  subject score
```

```
1    Math     88
...(생략)
5   Coding    95
```

② library(ggplot2)를 통해서 ggplot2를 불러온다.

③ Math~Coding 과목에 대한 성적을 입력하여 데이터 프레임 grade.data에 저장한다.

```
> ggplot(grade.data, aes(x=subject,y=score)) +   # 그래프를 그릴 데이터 지정
+    geom_bar(stat='identity',                    # 막대그래프의 형태 지정
+             width=0.7,                          # 막대의 폭 지정
+             fill='steelblue')                   # 막대의 색 지정
```

- grade.data : 그래프를 작성할 데이터, 데이터 프레임을 지정한다.

- aes(x=subject,y=score) : 그래프를 그리기 위한 x축, y축 열을 지정한다.

- stat='identity' : 막대 높이는 y축에 해당하는 열(여기서는 점수)에 의해 결정한다.

- width=0.7 : 막대의 폭이다.

- fill='steelblue' : 막대의 내부 색이다.

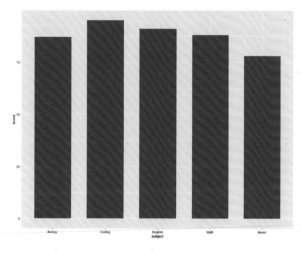

막대그래프

- ggplot( ) 함수와 geom_bar( ) 함수는 + 기호로 연결한다.
- + 기호는 반드시 명령문의 맨 마지막에 와야 한다.

```
> ggplot(grade.data, aes(x=subject,y=score))+   # 그래프를 그릴 데이터 지정
+     geom_bar(stat="identity",width=0.7,fill=score,colour="black")+   # 막대의 폭/색 지정
+     ggtitle("기말 성적")+                        # 그래프의 제목 지정
+     theme(plot.title = element_text(size=25, face='bold',colour='black'))+
+     labs(x='과목',y='점수') +                    # 그래프의 x, y축 레이블 지정
+     coord_flip( )                               # 그래프를 가로 방향으로 출력
```

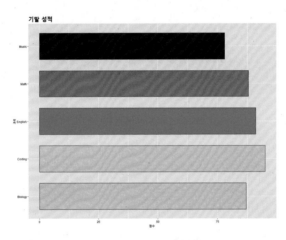

가로 막대그래프

- ggtitle('기말 성적') : 그래프의 제목을 지정한다.
- theme(plot.title = element_text(size=25, face='bold',colour='black')) : 지정된 그래프 제목의 폰트 크기, 색상 등을 지정한다.
- labs(x='과목',y='점수') : 그래프의 x축 레이블과 y축 레이블을 지정한다.
- coord_flip( ) : 막대를 가로로 표시하도록 지정한다.

④ ggplot으로 히스토그램 작성하기

mtcars 데이터 세트의 자동차 연비(mpg)의 열에 대해서 히스토그램 그래프를 작성한다.

```
> library(ggplot2)
> ggplot(mtcars, aes(x=mpg)) +        # 그래프를 그릴 데이터 지정
+   geom_histogram(binwidth =0.5)     # 히스토그램 작성
```

- binwidth = 0.5: 데이터의 구간을 0.5 간격으로 나누어 히스토그램 작성한다.

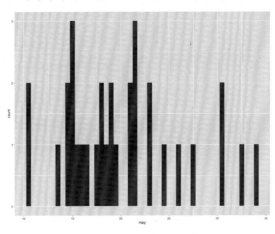

히스토그램

```
> library(ggplot2)
> ggplot(diamonds, aes(x = price, fill=cut , color=cut)) +
+   geom_histogram(position='dodge') +
+   theme(legend.position='top')                # 범례의 위치
```

- x=price: 히스토그램을 작성할 대상 열이다.
- fill=cut: 히스토그램의 막대 내부를 채울 색으로 다이아몬드 컷(cut)은 팩터 타입으로 숫자로 변환 가능하므로 막대의 색이 다르게 채워진다.
- color=cut: 히스토그램 막대 윤곽선의 색이다.
- position='dodge': position은 동일 구간의 막대들을 어떻게 그릴지를 지정으로, 'dodge'는 막대들을 겹치지 말고 병렬적으로 나타낸다.

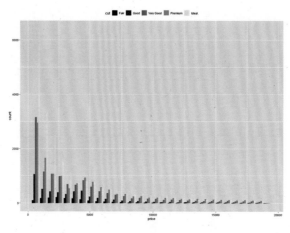

히스토그램 범례의 위치 지정

(5) 박스 플롯

박스 플롯(Box Plot)은 '상자 수염 그림'이라고도 하며, 특정 변수에 대하여 값의 분포와 기술통계량 일부를 요약하여 보여 줄 수 있다. 중앙값, 하위 1분위(제1사분위수), 중앙값(제2사분위수), 상위 3분위(제3사분위수), 최댓값, 최솟값을 상자와 꼬리(whisker)로 시각화하여 자료의 대칭성, 산포도, 중앙값 등을 나타낼 수 있다.

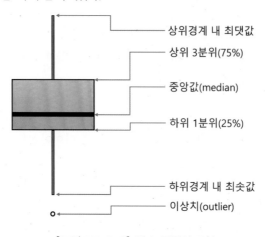

[그림 III-2-3] 박스 플롯의 표현

꽃잎의 길이(Petal.Length)에 대해 품종(Species)별로 박스 플롯(상자 수염 그림)이다.

```
> library(ggplot2)
> ggplot(data=iris, aes(x=Species, y=Petal.Length, fill=Species)) +
+ geom_boxplot(outlier.colour="red", outlier.shape=8, outlier.size=2)  #이상치값 모양 및 크기
```

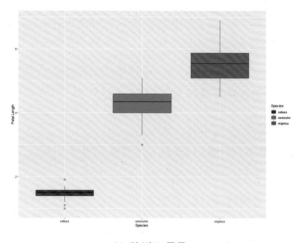

iris의 박스 플롯

- utlier.colour="red" : 점의 색상 지정하는 매개변수이다.

- outlier.shape=8 : 점의 모양을 지정하는 매개변수이다.

- outlier.size=2 : 점의 크기를 지정하는 매개변수이다.

I 빅데이터 개요

II R 시작하기

III 데이터 탐색

IV 예측 모델링과 선형 회귀

V 디지털 영상 처리

VI 부록

연습문제

01. 데이터 분석 절차에 대해서 작성하시오.

02. 두 변수에 대한 상관관계에 대한 설명이 아닌 것은 ?

① 두 변숫값이 비례해서 증가하는 경우

② 상관관계를 수치로 나타낸 − 1에서 1 사이의 값이다.

③ 두 변숫값이 반비례로 음의 상관관계이 있는 경우

④ 두 변수 사이의 관계가 중간인 산점도

03. 막대그래프 barplot( ) 함수에서 색 지정 매개변수인 것은 ?

① col='red'   ② call='yellow'

③ bar='blue'   ④ as='green'

04. 단일 변수와 다중 변수의 차이점에 대해서 설명하시오.

05. Pressure 데이터 세트에서 온도와 기압의 상관관계를 수치로 나타내어 출력하시오.

06. 두 벡터에서 결합하여 매트릭스로 만든 후 결측값을 확인하고, 결측값을 제거하여 매트릭스로 생성하여 출력하시오.

```
v1 <- c(100,102,103,NA,205,NA,84)
v2 <- c(56,NA,104,84,130,78,NA)
```

07. 야구 게임 케릭터에 대한 능력을 방사형 차트로 나타내시오.

수비	정확	선구	파워	주력
64	83	50	62	68

08. mtcars 데이터 세트에서 자동차 중량(wt, 단위 1000lbs)에 대해서 막대그래프로 출력하시오.

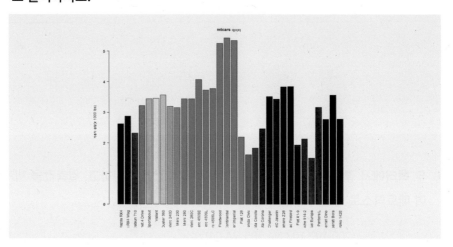

09. 한국환경공단(www.airkorea.or.kr)에서 실시간 자료 조회를 참조하여 시도별 대기 정보의 초미세먼지 농도의 일평균에 대한 데이터를 그래프로 출력하시오.

시도명	위도	경도
서울	37.56667	126.97806
부산	35.17944	129.07556
대구	35.87222	128.60250
인천	37.45639	126.70528
광주	35.15972	126.85306
대전	36.35111	127.38500
울산	35.53889	129.31667
경기	37.26389	127.02861
강원	37.751853	128.87605

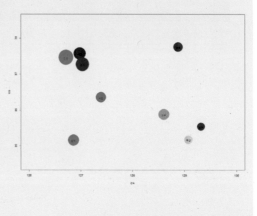

연습문제

10. 위의 미세먼지에 대한 데이터를 원그래프로 출력해 보시오.

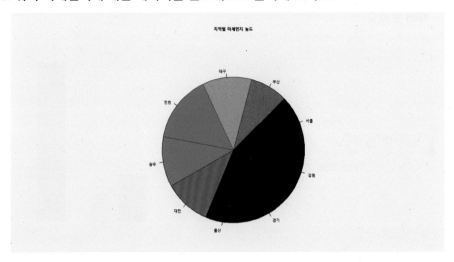

11. mtcars 데이터 세트로 자동차 중량을 기준으로 연비, 거리 등에 대해서 화면 분할을 하여 4개의 그래프를 한 번에 출력해 보시오.

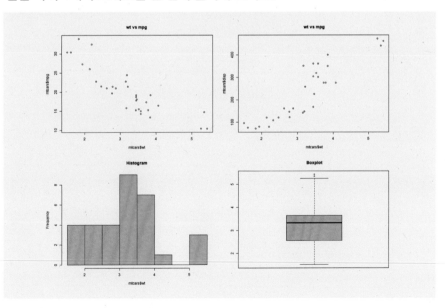

연습문제

12. TitanicSurvival 데이터 세트로 탑승객 성별과 생존자에 대한 막대그래프로 출력해 보시오.

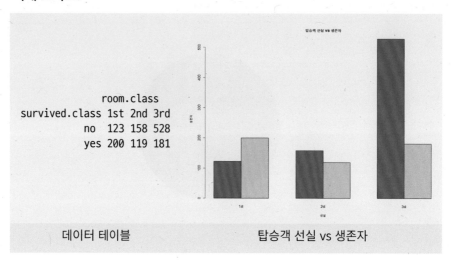

| | 데이터 테이블 | 탑승객 선실 vs 생존자 |

IV

모델링과
예측 선형 회귀

01. 모델링
02. 데이터베이스

BIG
DATA

빅데이터 기반으로 모델을 만드는 방법과 선형 회귀부터 다중 선형 회귀에 대해 이해한다. 빅데이터를 가져오기 위해서 데이터베이스에 접속하는 방법에 대해 다루었으며, 빅데이터 기반의 다양한 데이터를 모델 기반으로 예측하는 방법에 대해서 살펴본다.

모델링

I
빅데이터 개요

II
R 시작하기

III
데이터 탐색

IV
예측 선형 회귀
모델링과

V
디지털 영상 처리

VI
부록

학습
목표

1. 데이터 기반으로 모델링에 대한 개념에 대해 설명할 수 있다.

2. 단순 선형 회귀, 고차 다항식 적용한 분산 분석에 대한 설명할 수 있다.

3. 다중 선형 회귀에 대해 설명할 수 있다.

현실 세계에서 일어나는 현상을 수학식으로 표현하는 행위이며, 모델링을 통해 모델을 알고 나면 모델을 이용하여 일어날 일에 대해 예측(prediction)할 수 있다.

Ex) 보험설계사의 월급

- 보험 판매회사의 신입 사원인 홍길동의 월급 조건

  ➜ 100만 원 기본급에 보험 계약 1건의 성과마다 10만 원을 추가로 받음.

- 조건을 기반으로 모델링

  ➜ 성과 건수를 x, 월을 y라고 하고, x를 독립변수, y를 종속변수로 간주하면

    모델 : $y = 10*x + 100$

- 길동이가 변수를 뽑고 변수 사이의 관계를 나타내는 수식을 구하는 과정이 모델링이며, 모델이 있으면 예측이 가능하다.

  ➜ 다음 달에 3건의 계약을 성사시키면 월급이 얼마일까? : 130만 원

➥ 더욱 분발하여 그다음 달에 20건을 성사시키면? : 300만 원

이와 같이 데이터로부터 모델을 만든다. 주어진 데이터를 훈련 집합(training set)이라 부른다.

$$X = \{x_1, x_2, \cdots, x_n\} \quad Y = \{y_1, y_2, \cdots, y_n\}$$

(x_i, y_i)를 i번째 관측(observation) 또는 i번째 샘플(sample)이라 부른다.

독립변수 x_i를 설명 변수(explanatory variable), 종속변수 y_i를 반응 변수(response variable)라 부른다.

- x_i를 특징(feature), y_i를 레이블(lable)이라 부른다.
- y_i를 그라운드 트루스(ground truth)라 부른다(GT는 정답에 해당).

모델링이란 훈련 집합을 이용하여 최적의 모델을 찾아내는 과정이다.

➥ 훈련 집합을 가장 잘 설명하는 모델을 찾아내는 과정이다.

Ex) 보험설계사의 월급

- 길동은 첫 달에 2건의 계약 성사를 하여 120만 원, 두 번째 달에 5건의 계약 성사를 하여 150만 원을 받는다.
- 두 개의 샘플을 수집한 셈이다.

$$X = \{2, 5\}, \quad Y = \{120, 150\}$$

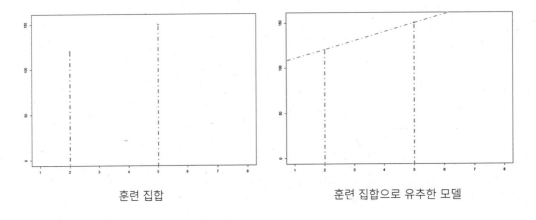

훈련 집합   훈련 집합으로 유추한 모델

Ex) 보험설계사의 월급

- 선배로부터 기본급에 계약 성사 건에 비례한 인센티브를 더해 월급을 받다는 이야기를 듣고 선형 방정식을 세운다.

$$y = ax + b$$

- b은 기본급, a은 보험 계약 1건 성사마다 받는 인센티브로 훈련 집합에 있는 두 샘플을 대입하면

$$120 = 2a + b, \ 150 = 5a + b$$

- 두 식을 풀면 $a = 10$, $b = 100$

$$y = 10x + 100$$

- 모델의 품질 평가와 모델이 범하는 오류로 평가한다. 그리고 불확실성이 없는 월급의 예이므로 오류가 0이 된다.

훈련 집합을 가지고 모델을 구하는 일을 회귀 문제(regression problem) 또는 회귀 분석(통계학: 독립변수가 변할 때 종속변수가 어떻게 변하는지를 수식으로 표현)이다.

불확실성이 개입된 문제에서는 같은 시간에 같은 장비에서 생산된 제품이지만 크기를 측정하면 120.04, 120.07, 120.02mm와 같이 측정 오차가 발생하거나 기온 변화 및 일조량에 따라서 같은 품종의 과일, 곡식 등의 크기 및 당도 등이 다를 경우이다.

Ex) 스프링이 늘어나는 길이 실험

- 한쪽 끝이 고정된 스프링을 잡아당겨 힘에 따른 길이의 변화를 측정하였다.
- 잡아당기는 힘(N) x, 스프링이 늘어나는 길이(cm)의 변화를 y로 하고 네 번의 실험을 통해 데이터 수집한다.

  $x = \{3.0, 6.0, 9.0, 12\}$, $y = \{3.0, 4.0, 5.5, 6.5\}$

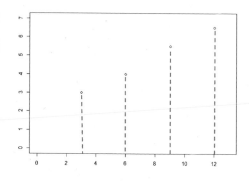

- 대략 선형을 이루는 것을 확인하고, 선형 방정식을 사용하기로 결정한다(model select).

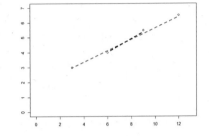

- 샘플 4개를 각 방정식에 대입하면 훈련 집합은 선형이 아니다.

- 모델 선택을 실패한 셈이므로 어떻게 해야 할까?

➡ 모델로 선형을 버리고 2차 또는 3차 같은 고차 방정식을 사용?

➡ 선형 모델을 사용하되 오차를 허용?

- 모델을 복잡하게 학습한 모델은 과대 적합(overfitting)이 나타날 수 있다.

- 현실 세계의 데이터에서 오차 0은 불가능하다.

➡ 오차를 허용하고 선형 방정식을 사용한다.

x_i	3.0	6.0	9.0	12.0
예측값($f(x_i)$)	2.5	4.0	5.5	7.0
그라운드 트루스	3.0	4.0	5.5	6.5
오차	0.5	0.0	0.0	-0.5

- 모델 : $y=0.5x+1.0$
- 평균 제곱 오차(MSE, Mean squared error)

$$E=\frac{1}{4}((0.5)^2+(0.0)^2+(0.0)^2+(-0.5)^2)=0.125$$

MSE를 일반화하면, $E=\frac{1}{n}\sum_{i=1}^{n}(y_i-f(x_i))^2$ 이다.

x_i	3.0	6.0	9.0	12.0
예측값($f(x_i)$)	3.0	4.25	5.5	6.75
그라운드 트루스	3.0	4.0	5.5	6.5
오차	0.0	-0.25	0.0	-0.25

- 모델: $y=\frac{5}{12}x+\frac{7}{4}$
- 평균 제곱 오차(MSE, Mean squared error)

$$E=\frac{1}{4}((0.0)^2+(-0.25)^2+(0.0)^2+(-0.25)^2)=0.03125$$

모델의 성능을 평가하는 지표로 MSE가 낮은 모델 성능이 좋음을 의미한다[모델링은 최적화 문제(optimization problem)].

> **TIP**
>
> 그라운드 트루스(ground-truth)는 학습하자고 하는 데이터의 원본 또는 실제 값을 의미한다..

1 단순 선형 회귀

선형 회귀(linear regression)에서는 최적화 문제를 풀어야 하며, 최적화는 미분을 이용하여 해결한다. R은 이 문제를 푸는 lm이라는 함수를 제공한다.

Ex) lm을 이용한 모델

$$x=\{2.0,\ 4.0,\ 6.0,\ 8.0,\ 10\},\ y=\{3.0,\ 8.0,\ 10.5,\ 12.5,\ 16\}$$

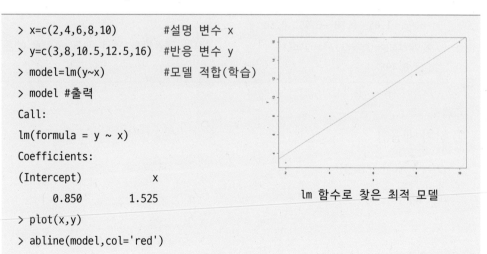

```
> x=c(2,4,6,8,10)        #설명 변수 x
> y=c(3,8,10.5,12.5,16)  #반응 변수 y
> model=lm(y~x)          #모델 적합(학습)
> model #출력
Call:
lm(formula = y ~ x)
Coefficients:
(Intercept)            x
      0.850        1.525
> plot(x,y)
> abline(model,col='red')
```

lm 함수로 찾은 최적 모델

1) 모델의 오차 분석

x_i	2.0	4.0	6.0	8.0	10
예측값($f(x_i)$)	3.90	6.95	10.0	13.05	16.10
그라운드 트루스	3.0	8.0	10.5	12.5	16
오차	-0.9	1.05	0.5	-0.55	-0.10

lm 함수로 찾은 최적 모델의 오차 분석은 평균 제곱 오차(MSEMean squared error)이다.

$$E=\frac{1}{4}((-0.9)^2+(1.05)^2+(0.5)^2+(-0.55)^2+(-0.10)^2)=0.495$$

(1) 모델의 특성

```
> coef(model)                 #매개변수(계수) 값
(Intercept)           x
      0.850       1.525
> fitted(model)               #훈련 집합에 있는 샘플에 대한 예측값
    1     2     3     4     5
 3.90  6.95 10.00 13.05 16.10
> residuals(model)            #잔차
    1     2     3     4     5
-0.90  1.05  0.50 -0.55 -0.10
> deviance(model)/length(x)   #잔차 제곱합을 평균 제곱 오차로 변환
[1] 0.495
```

① 잔차 제곱합

$$D = \sum_{i=1}^{n}(y_i - f(x_i))^2$$
$$E = D/n$$

summary 함수로 모델을 상세하게 살필 수 있다.

```
> summary(model)

Call:
lm(formula = y ~ x)

Residuals:
     1     2     3     4     5          ← 훈련 집합에 대한 잔차
-0.90  1.05  0.50 -0.55 -0.10

Coefficients:        매개 변수          t-값       p-값
              Estimate Std. Error t value Pr(>|t|)
(Intercept)   0.8500       0.9526    0.892  0.43799
x             1.5250       0.1436   10.619  0.00178 **
---
Signif. codes:  0 '***' 0.001 '**' 0.01 '*' 0.05 '.' 0.1 ' ' 1

Residual standard error: 0.9083 on 3 degrees of freedom
Multiple R-squared:  0.9741,    Adjusted R-squared:  0.9654
F-statistic: 112.8 on 1 and 3 DF,  p-value: 0.001785

> new.x=data.frame(x=c(1.2,2.0,20.65)) #3개의 새로운 값

> predict(model, newdata = new.x)
        1        2        3
  2.68000  3.90000 32.34125
```

- 모델을 이용한 예측

 - predict 함수로 예측

   Ex) 1.2, 2.0, 20.65라는 3개의 샘플이 새로 발생했다고 가정

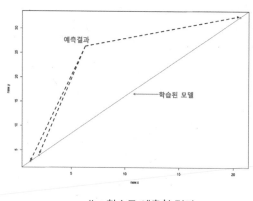

predict 함수로 예측한 결과

(2) 설명 변수와 반응 변수 정하기

speed(속도를 나타내는 변수)와 dist(제동 거리를 나타내는 변수) 중에 설명 변수와 반응 변수를 정해야 한다. R이 자동으로 해줄 수 없으므로 데이터 분석자가 결정해야 한다.

변수 사이의 원인과 결과 관계를 확인 후 원인에 해당하는 input을 설명 변수로 한다.

[그림 IV-1-1] 설명 변수와 반응 변수

설명 변수가 하나뿐인 경우를 단순 선형 회귀라 한다.

```
> str(cars)
'data.frame':    50 obs. of  2 variables:
 $ speed: num  4 4 7 7 8 9 10 10 10 11 ...
 $ dist : num  2 10 4 22 16 10 18 26 34 17 ...
> head(cars)
  speed dist
1     4    2
  ...(생략)
6     9   10
plot(cars)
> car.model=lm(dist~speed, data=cars)
> coef(car.model)
(Intercept)       speed
 -17.579095    3.932409
> abline(car_model,col='red')
```

cars 데이터에 대한 최적 모델

(3) 훈련 집합에 대한 예측

네 번째 샘플을 관찰해 보면, speed=7일 때 dist=22(그라운드 트루스가 22)인데 9.947766으로 예측하여 12.052234만큼 오차가 발생하며, 4번째 샘플 오차를 보면 12.052234만큼 오차가 발생한다.

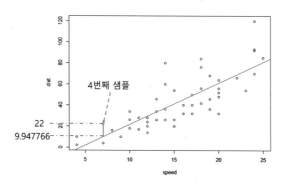

[그림 IV-1-2] 훈련 집합에 있는 샘플에 대한 오차 분석

훈련 집합에 있는 샘플에 대한 오차 분석과 모델 기반으로 데이터를 예측하였다. 시속 21.5로 달렸을 경우에 예측 모델을 통해서 제동거리를 예측할 수 있다.

```
> new.x01=data.frame(speed=c(21.5))
> predict(car.model, new.x01)
       1
66.96769
```

시속 25부터 0.5씩 증가시키며 달렸을 때 제동 거리이다.

```
> new.x02=data.frame(speed=c(25.0,25.5,26.0,26.5,27.0,27.5,28.0))
> predict(car.model, new.x02)
         1        2        3        4        5        6        7
80.73112 82.69733 84.66353 86.62974 88.59594 90.56215 92.52835
```

설명 변수(속도) 기반으로 plot으로 나타내었다.

```
> new.x=data.frame(speed=c(25.0,25.5,26.0,26.5,27.0,27.5,28.0))
> plot(new.x$speed, predict(car.model,new.x),col='red',cex=2, pch=20)
> abline(car.model)
```

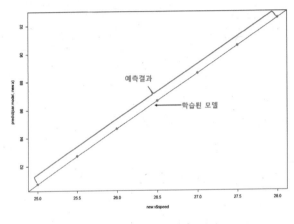

[그림 IV-1-3] 예측한 결과

① 급여와 인센티브 인상률 데이터

미국 대학의 조교수, 부교수 및 교수의 2008~2009년 9개월 학업 급여에 대한 정보이다.

```
> library(ggplot2)
> library(carData)
> summary(Salaries)
      rank      discipline yrs.since.phd   yrs.service      sex        salary
 AsstProf : 67  A:181   Min.   : 1.00   Min.   : 0.00  Female: 39  Min.   : 57800
 AssocProf: 64  B:216   1st Qu.:12.00   1st Qu.: 7.00  Male  :358  1st Qu.: 91000
 Prof     :266          Median :21.00   Median :16.00              Median :107300
 ...(생략)
                        Max.   :56.00   Max.   :60.00              Max.   :231545
```

조교수(AsstProf, n=67), 부교수(AssocProf, n=64), 교수(Prof, n=266)이며, 이론 부서 A, 응용 부서 B, 여성 교수진(n=39), 남성 교수진(n=358) 등으로 구성되어 있다.

응용 부서의 급여(Salary)와 근속 연수(Year of Service) 관계이다.

```
> plot(salary.data$yrs.service[salary.data$discipline=='B'], salary.
  data$salary[salary.data$discipline=='B'], xlab = "근속연수", ylab ="9개월
  급여(달러)", title("응용 부서의 9개월 급여와 근속 기간"))
> cor(salary.data$yrs.service[salary.data$discipline=='B'],salary.
  data$salary[salary.data$discipline=='B'])
[1] 0.5020516
```

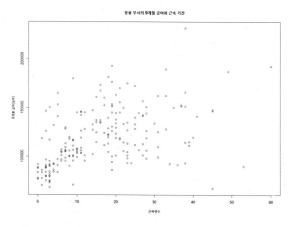

[그림 IV-1-4] 응용 부서의 9개월 급여와 근속 기간

② 응용 부서의 급여(Salary)와 근속 연수(Year of Service)에 대한 데이터 모델이다.

```
> model=lm(salary[discipline=='B']~yrs.service[discipline=='B'], data=salary.data)
> model
Call:
lm(formula = salary[discipline == "B"] ~ yrs.service[discipline =="B"], data = salary.data)
Coefficients:
                (Intercept)   yrs.service[discipline == "B"]
                      98895                              1222
> abline(model,col='red')
```

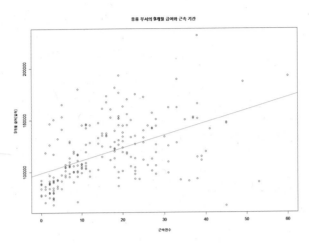

[그림 IV-1-5] 응용 부서의 9개월 급여와 근속 기간에 대한 데이터 모델

③ 근속 기간이 20보다 작은 조건일 경우

```
> year.20=subset(salary.data,salary.data$yrs.service<=20)
> head(year.20)
        rank discipline yrs.since.phd yrs.service    sex salary
1       Prof          B            19            18   Male 139750
 ...(생략)
10      Prof          B            18            18 Female 129000
```

응용 부서의 경우 급여(Salary)와 근속 연수(Year of Service) 관계이다.

```
> cor(na.omit(year.20$yrs.service[salary.data$discipline=='B']),
  na.omit(year.20$salary[salary.data$discipline=='B']))
[1] 0.5501613
> plot(year.20$yrs.service[salary.data$discipline=='B'],
  year.20$salary[salary.data$discipline=='B'], xlab = "근속연수",
  ylab ="9개월 급여(달러)", title("응용 부서의 9개월 급여와 근속 기간"))
> model=lm(salary[discipline=='B']~yrs.service[discipline=='B'], data=year.20)
> model
Call:
```

```
lm(formula = salary[discipline == "B"] ~ yrs.service[discipline == "B"],
data = year.20)
Coefficients:
                    (Intercept)  yrs.service[discipline == "B"]
                          87073                             2708
> abline(model,col='red')
```

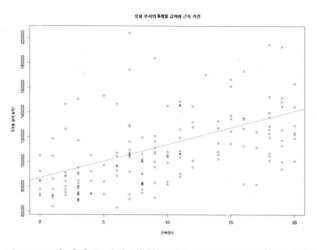

[그림 IV-1-6] 응용 부서의 9개월 급여와 근속 기간에 대한 데이터 모델

(4) 도수분포표

```
> split.screen(c(1,2))      #화면 분할
[1] 1 2
> screen(1)
> hist(salary.data$yrs.service,
       main="근속 기간")
> screen(2)
> hist(salary.data$salary,main="급여")
> close.screen(all = TRUE)
```

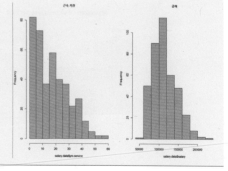

① 성별에 따른 급여와 근속 연수 관계이다.

```
> men=subset(salary.data,salary.data$sex=='Male')
> women=subset(salary.data,salary.data$sex=='Female')
> split.screen(c(2,2))
[1] 1 2 3 4
> screen(1)
> hist(men$yrs.service)
> screen(2)
> hist(men$salary)
> screen(3)
> hist(women$yrs.service)
> screen(4)
> hist(women$salary)
> close.screen(all = TRUE)
```

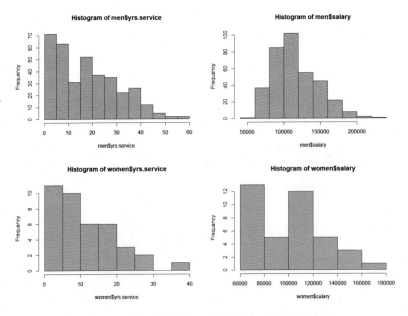

[그림 IV-1-7] 성별에 따른 급여와 근속 기간의 도수분포표

2 고차 다항식 적용과 분산 분석

lm은 기본적으로 직선(1차 방정식)으로 모델 적합하며, poly 옵션을 사용하면 고차 방정식 적용이 가능하다.

```
> plot(cars,xlab='속도',ylab='거리')      #car 데이터 그래프
> x=seq(0,25,length.out=200)             #예측할 지점
> for(i in 1:4){
+      model=lm(dist~poly(speed,i),data=cars)
+      assign(paste('model',i,sep='.'),model)
+      #i차 모델 model을 model.i로 지정
+      lines(x,predict(model,data.frame(speed=x)),col=i)
+      #model으로 예측한 결과를 겹쳐 표현
+ }
```

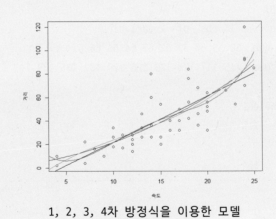

1, 2, 3, 4차 방정식을 이용한 모델

1) ANOVA 함수로 분산 분석

여러 모델 간에 차이가 있는지에 대해 통계적 유의성을 확인하면 Pr(>F), 즉 p-value는 모두 0.05보다 커서 통계적으로 차이가 없다고 판정할 수 있다.

➡ 가장 단순한 1차 모델, 즉 model.1을 사용하는 것이 일반적이다.

```
# ANOVA(ANalysis Of VAriance) 함수로 분산 분석
> anova(model.1, model.2, model.3, model.4)
Analysis of Variance Table
Model 1: dist ~ poly(speed, i)
 ...(생략)
Model 4: dist ~ poly(speed, i)
  Res.Df   RSS Df Sum of Sq      F Pr(>F)
1     48 11354
 ...(생략)
4     45 10298  1    336.55 1.4707 0.2316
```

① women 데이터는 미국 여성 30~39세까지 대한 15명의 키$(inch)$와 몸무게(lb)에 대한 데이터 세트이다.

```
> str(women)
'data.frame':    15 obs. of  2 variables:
 $ height: num   58 59 60 61 62 63 64 65 66 67 ...
 $ weight: num   115 117 120 123 126 129 132 135 139 142 ...
> women
   height weight
1      58    115
 ...(생략)
15     72    164
```

② women 데이터로 모델링하여 모델을 가시화를 한다.

```
> women_model=lm(weight~height, data=women)
> coef(women_model)
(Intercept)        height
  -87.51667       3.45000
> plot(women)
> abline(women_model, col='red')
```

women 데이터의 선형 회귀 모델

③ summary 함수로 모델의 상세 내용이다.

```
> summary(women_model)
Call:
lm(formula = weight ~ height, data = women)
Residuals:
    Min     1Q  Median     3Q     Max
-1.7333 -1.1333 -0.3833  0.7417  3.1167
Coefficients:
             Estimate Std. Error t value Pr(>|t|)
(Intercept) -87.51667    5.93694  -14.74 1.71e-09 ***
height        3.45000    0.09114   37.85 1.09e-14 ***
---
Signif. codes:  0 '***' 0.001 '**' 0.01 '*' 0.05 '.' 0.1 ' ' 1
Residual standard error: 1.525 on 13 degrees of freedom
Multiple R-squared:  0.991,    Adjusted R-squared:  0.9903
F-statistic:  1433 on 1 and 13 DF,  p-value: 1.091e-14
```

④ height 변수의 계수의 p−value가 0.05보다 작은 $1.09e^{-14}$ 이므로 통계적으로 유의미한 모델링이 되었음을 확인한다.

> **TIP**
>
> **p - value**(Probability - value) : 귀무가설이 맞다고 가정할 때, 관찰된 결과가 일어날 확률이며, 0.05보다 작다는 말은 어떤 사건이 우연히 발생할 확률이 거의 없으므로 인과관계가 있다고 추정할 수 있음.

3 다중 선형 회귀

일반적으로 데이터는 설명 변수가 다양하며, 월급에 영향을 미치는 변수로 판매 대수뿐 아니라 근무 연수, 직급 등이 있다. 또한, 제동 거리에 영향을 미치는 변수로 속도뿐 아니라 날씨나 브레이크의 종류 등이 있다.

[그림 IV-1-8] 설명 변수가 다양한 상황

1) 다중 선형 회귀

다중 선형 회귀(multiple linear regression)는 설명 변수가 2개 이상인 선형 회귀이며 설명 변수가 2개인 경우에는 매개변수가 3개이다.

$$y=ax+bu+c$$

일반적으로 설명 변수가 k개이면 매개변수는 $k+1$개이다.

Ex) 환경 온도와 물체의 무게에 따라 스프링이 늘어나는 길이를 측정하는 실험이다.

• 환경 온도를 x, 무게를 u, 늘어난 길이를 y로 표기하고 실험 데이터를 수집

$x=\{(3.0, 10.0), (6.0, 10.0), (3.0, 20.0), (6.0, 20.0)\}$

$y=\{4.65, 5.9, 6.7, 8.02\}$

• 데이터 시각화

➥ 설치: install.packages("scatterplot3d")

```
library(scatterplot3d)
x=c(3.0,6.0,3.0,6.0)
u=c(10.0,10.0,20.0,20.0)
y=c(4.65,5.9,6.7,8.02)
scatterplot3d(x,u,y, xlim=2:7, ylim=7:23,
zlim=0:10,pch=20, type='h')
```

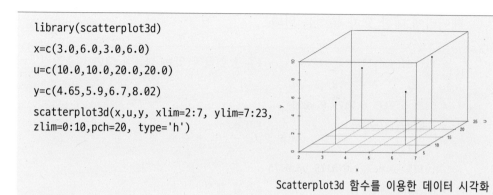

Scatterplot3d 함수를 이용한 데이터 시각화

① 다중 선형 회귀를 적용한다.

```
> model=lm(y~x+u)
> coef(model)          #모델의 상수
(Intercept)         x              u
  1.2625000   0.4283333    0.2085000
> scatter=scatterplot3d(x,u,y,xlim=2:7,
  ylim=7:23, zlim=0:10,pch=20, type='h')
> scatter$plane3d(model)
```

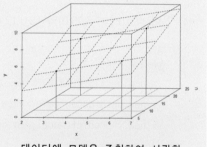

데이터에 모델을 중첩하여 시각화

② 오차 분석

x_i	(3.0,10.0)	(6.0,10.0)	(3.0,20.0)	(6.0,20.0)
예측값($f(x_i)$)	4.6325	5.9175	6.7175	8.0025
그라운드 트루스	4.65	5.9	6.7	8.02
오차	0.0175	-0.0175	-0.0175	0.0175

③ 데이터에 대한 오차 분석을 한다.

```
> fitted(model)                    #훈련 집합에 있는 샘플에 대한 예측값
     1      2      3      4
4.6325 5.9175 6.7175 8.0025
> residuals(model)                 #잔차
      1       2       3       4
 0.0175 -0.0175 -0.0175  0.0175
> deviance(model)                  #잔차 제곱
[1] 0.001225
> deviance(model)/length(x)        #전차 제곱합을 평균 제곱 오차로 변환
[1] 0.00030625
```

④ 입력 데이터 (7.5,15.0)와 (5.0,12.0)에 대한 예측 결괏값이다.

```
> new.x=c(7.5,5.0)
> new.u=c(15.0,12.0)
> new.data=data.frame(x=new.x,u=new.u)
> new.y=predict(model,new.data)
> new.y
       1        2
7.602500 5.906167
> scatter=scatterplot3d(new.x, new.u, new.y, xlim=0:10, ylim=7:23, zlim=0:10,
  pch=20, type='h', color='red', angle = 60)
> scatter$plane3d(model)
```

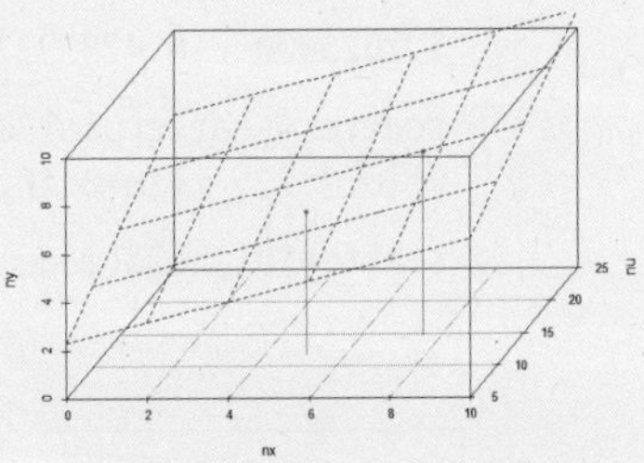

데이터에 대한 예측 결과

(1) trees 데이터

벚나무 31개의 데이터로 나무의 지름 Girth(4피트 6인치 높이에서 측정), 나무의 키 Height 변수, 목재의 부피 Volume에 대한 데이터이다.

```
> str(trees)
'data.frame':    31 obs. of  3 variables:
```

```
$ Girth : num  8.3 8.6 8.8 10.5 10.7 10.8 11 11 11.1 11.2 ...
$ Height: num  70 65 63 72 81 83 66 75 80 75 ...
$ Volume: num  10.3 10.3 10.2 16.4 18.8 19.7 15.6 18.2 22.6 19.9 ...
> summary(trees)
      Girth           Height        Volume
 Min.   : 8.30   Min.   :63    Min.   :10.20
 1st Qu.:11.05   1st Qu.:72    1st Qu.:19.40
 ...(생략)
 Max.   :20.60   Max.   :87    Max.   :77.00
```

① 벗나무의 목재 생산 관리를 위해서 벌채량이 아니라 공급량을 나타내는 것이므로 벌채된 양에서 실제로 수집하여 공급하는 양의 관계를 나타낸다. 벗나무의 상태 조건에 따른 목재의 부피를 확인하기 위해서 Volume을 반응 변수로 하며, 반응 변수를 가로축으로 하여 가시화한다.

```
> library(scatterplot3d)
> scatterplot3d(trees$Girth,trees$Height,trees$Volume)
```

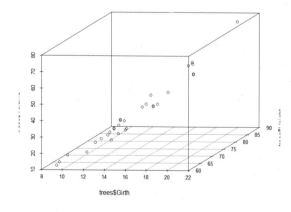

trees 데이터의 분포

(Girth, Height는 설명 변수, Volume은 반응 변수)

② Volume에 대한 trees 데이터 모델이다.

```
> model=lm(Volume~Girth+Height,data=trees)
> model
Call:
lm(formula = Volume ~ Girth + Height, data = trees)
Coefficients:
(Intercept)      Girth      Height
   -57.9877     4.7082      0.3393
```

③ trees 데이터 모델을 시각화한다.

```
scatter=scatterplot3d(trees$Girth,trees$Height,trees$Volume,pch=20,
type='h',angle=60)
scatter$plane3d(model)
```

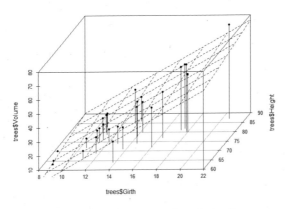

trees 데이터와 모델을 중첩하여 시각화

④ Volume에 대한 trees 모델에 대해서 예측한다.

⑴ 벚나무의 지름과 키를 측정하면 목재의 부피를 예측할 수 있다.

⑵ 공급되는 나무의 지름과 키를 재어 새로운 데이터 수집하고 예측한다.

```
> new.data=data.frame(Girth=c(7.5,14.0,20.0),Height=c(74,88,92))
> predict(model,newdata=new.data)
        1         2         3
 2.428136 37.780697 67.386665
```

ⓒ 세 그루를 자르면 총 107.5955(2.428136+37.780697+67.386665) 세제곱피트가량의 목
  재를 공급할 수 있음을 알게 된다.

ⓓ 목재의 공급량에 대한 예측을 바탕으로 생산량에 따른 목재의 공급이 충분할지 더
  부족할지를 판단한다.

⑤ 데이터 Girth(8.5,13.0,19.0), Height(72, 86, 85)에 대한 예측이다.

```
new.Girth=c(9.5,14.0,19.0)
new.Height=c(72,86,85)
new.data=data.frame(Girth=new.Girth,Height=new.Height)
new.Volume=predict(model,newdata=new.data)
scatter=scatterplot3d(new.Girth,new.Height,new.Volume,pch=20,
                      type='h',color='red',angle = 60)
scatter$plane3d(model)
```

데이터에 대한 예측 결과

2) 분석 과정

데이터 분석에서 변수 선택법은 변수가 여러 개 있을 때 최적의 변수를 선택하여 찾아내는 방법으로, 변수들의 상관관계에 따라 선택하는 것이 좋다. 하지만 변수가 많아질수록 조건에 따라 선택해야 하는 변수가 기하급수적으로 많아지기 때문에 전진 선택법, 후진 소거법, 단계적 선택법을 사용할 수 있다.

- 전진 선택법(Feedforward Selection) : 절편만 있는 모델에서 시작해서 영향력이 있는 설명 변수를 차례로 추가하는 방법
  - 장점 : 계산 시간이 빠르다.
  - 단점 : 선택된 설명 변수는 제거할 수 없기 때문에 중요하지 않은 변수가 남아 있을 수 있다.

- 후진 소거법(Backward Elimination) : 전체 설명 변수에서 영향력이 낮은 변수를 하나씩 제거해 가는 방법
  - 장점 : 계산 시간이 빠르다.
  - 단점 : 한번 제거된 설명 변수는 다시 선택되지 못하므로 중요한 변수가 제거될 위험이 있다.

- 단계적 선택법(Stepwise) : 설명 변수를 한 개씩 추가하면서 각 단계에서 변수의 중요성을 체크하고 영향력이 낮은 변수를 제거하면서 단계별로 추가 또는 삭제를 반복하는 방법
  - 장점 : 선택된 설명 변수를 제거될 수도 있고 제거된 설명 변수가 중요도에 따라서 다시 선택될 수도 있다.
  - 단점 : 시간이 오래 걸린다.

(1) 후진 소거법

전체 설명 변수(또는 독립변수)를 넣어 모델을 평가한 후 유효하다고 판단되면 기여도가 낮은 변수부터 하나씩 제거하는 방식이 후진 소거법(backward elimination)이다.

① 모델을 최적화

Ex) attitude 데이터

Rating(등급)에 영향을 미치는 요인 식별

- 반응 변수(또는 종속변수) : rating
- 설명 변수(또는 독립변수) : complaints(불평), privileges(특권), learning(학식), raises(수준), critical(비판), advance(발전)

```
> head(attitude)
  rating complaints privileges learning raises critical advance
1     43         51         30       39     61       92      45
 ...(생략)
> model=lm(rating~.,data=attitude)
> summary(model)
Call:
lm(formula = rating ~ ., data = attitude)
Residuals:
     Min      1Q   Median      3Q     Max
-10.9418 -4.3555   0.3158  5.5425 11.5990
Coefficients:
            Estimate Std. Error t value Pr(>|t|)
(Intercept) 10.78708   11.58926   0.931 0.361634
complaints   0.61319    0.16098   3.809 0.000903 ***
 ...(생략)
advance     -0.21706    0.17821  -1.218 0.235577
```

② 의미 없는 변수 제거한 후에 모델을 간소화한다.

```
> backward.model<- step(model, direction='backward')
Start:  AIC=123.36
rating ~ complaints + privileges + learning + raises + critical +
    advance
            Df Sum of Sq   RSS    AIC
- critical   1      3.41 1152.4 121.45
```

```
...(생략)
<none>                      1149.0 123.36
- learning    1    180.50 1329.5 125.74
- complaints  1    724.80 1873.8 136.04
...(생략)
> summary(backward.model)
...(생략)
Residual standard error: 6.817 on 27 degrees of freedom
Multiple R-squared:  0.708,    Adjusted R-squared:  0.6864
F-statistic: 32.74 on 2 and 27 DF,  p-value: 6.058e-08
```

③ step 명령어의 수행을 통해 통계적으로 유의한 것을 선별하고 최종적으로 회귀
식을 찾았다. p-value가 0.05보다 작으므로 통계적으로 유의하며 adjusted r square
가 0.6864이므로 약 68%로 정확성을 가진다.

Ex) Rating(등급)에 영향을 미치는 요인을 분간한다.

- 반응 변수(또는 종속변수): rating

- 설명 변수(또는 독립변수): complaints(불평)와 learning(학식)

```
> library(scatterplot3d)
> scatter=scatterplot3d(attitude$rating,attitude$learning,attitude$complaints,
  pch=20, type='h',color='red',angle = 60)
> scatter$plane3d(backward.model)
```

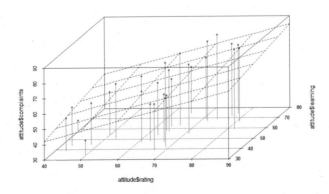

[그림 IV-1-9] Rating(등급)과 관계성 데이터 모델

(2) 전진 선택법

설명 변수를 하나씩 추가하면서 모델의 복잡도에도 따라 기준이 되는 AIC(Akaike Information Criterion)가 낮은 값에 대한 설명 변수를 선택하여 반응 변수에 대한 최적의 설명 변수를 찾을 수 있다.

```
> forward.model <- step(lm(rating ~1,data=attitude), scope = list(lower ~ 1,
  upper = ~complaints + privileges + learning + raises + critical + advance),
  direction = "forward")
Start:  AIC=150.93
rating ~ 1
...(생략)
Step:  AIC=118
rating ~ complaints + learning

            Df Sum of Sq    RSS    AIC
<none>                   1254.7 118.00
+ advance    1    75.540 1179.1 118.14
+ privileges 1    30.033 1224.6 119.28
+ raises     1     1.188 1253.5 119.97
+ critical   1     0.002 1254.7 120.00
> library(scatterplot3d)
> scatter=scatterplot3d(attitude$rating,attitude$learning,attitude$complaint
  s,pch=20, type='h',color='red',angle = 60)
> scatter$plane3d(forward.model)
> summary(forward.model)
...(생략)
Residual standard error: 6.817 on 27 degrees of freedom
Multiple R-squared:  0.708,    Adjusted R-squared:  0.6864
F-statistic: 32.74 on 2 and 27 DF,  p-value: 6.058e-08
```

I
빅 데 이 터 개 요

II
R 시 작 하 기

III
데 이 터 탐 색

IV
모 델 링 과 예 측 선 형 회 귀

V
디 지 털 영 상 처 리

VI
부 록

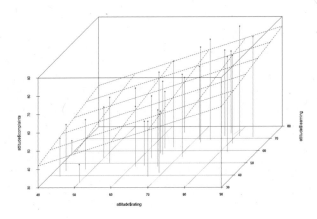

[그림 IV-1-10] Rating(등급)과 관계성 데이터 모델

후진 소거법(backward elimination)과 동일하게 p-value가 0.05보다 작으므로 통계적으로 유의하며 adjusted r square가 0.6864이므로 약 68%로 정확성을 가지는 것을 볼 수 있다.

(3) 단계적 선택법

설명 변수를 단계별로 추가 또는 삭제를 반복하면서 모델의 복잡도에도 따라 기준이 되는 AIC(Akaike Information Criterion)가 낮은 값에 대한 설명 변수를 선택하여 반응 변수에 대한 최적의 설명 변수를 찾을 수 있다.

```
> stepwise.model <-step(lm(rating ~1, data=attitude), scope = list(lower ~ 1,
  upper = ~complaints + privileges + learning + raises + critical + advance),
  direction = "both")
Start:  AIC=150.93
rating ~ 1
...(생략)
Step:  AIC=118
rating ~ complaints + learning
          Df Sum of Sq    RSS    AIC
<none>                  1254.7 118.00
+ advance  1     75.54 1179.1 118.14
- learning 1    114.73 1369.4 118.63
+ privileges 1   30.03 1224.6 119.28
```

```
+ raises       1     1.19 1253.5 119.97
+ critical     1     0.00 1254.7 120.00
- complaints   1  1370.91 2625.6 138.16
> library(scatterplot3d)
> scatter=scatterplot3d(attitude$rating,attitude$learning,attitude$complaints,
  pch=20, type='h',color='red',angle = 60)
> scatter$plane3d(stepwise.model)
> summary(stepwise.model)
...(생략)
Residual standard error: 6.817 on 27 degrees of freedom
Multiple R-squared:  0.708,    Adjusted R-squared:  0.6864
F-statistic: 32.74 on 2 and 27 DF,  p-value: 6.058e-08
```

위의 두 가지 방법인 후진 소거법(Backward elimination), 전진 선택법(Feedforward Selection)과 동일하게 p-value가 0.05보다 작으므로 통계적으로 유의하며 adjusted r square가 0.6864이므로 약 68%로 정확성을 가지는 것을 볼 수 있다.

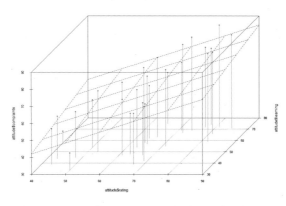

[그림 IV-1-11] Rating(등급)과 관계성 데이터 모델

TIP

step( ) 함수의 형태
step(lm(종속변수 ~ 설명 변수, 데이터 세트), scope = list(lower = ~1, upper = ~설명변수), direction = "forward or backward or both")

4 텍스트 마이닝

텍스트는 소통의 수단으로 소셜 미디어, 메신저 등을 통해서 문자 전송으로 정보 전달의 매개체로 사용되고 있다. 웹 검색을 통한 다양한 텍스트는 비정형 데이터로 문서마다 길이가 다르며, 단어 종류도 제각각이며, 문장 중간에 나타나는 숫자와 특수 기호, 외국어 등의 종류와 위치가 다양하다. 텍스트 마이닝(Text mining)은 문서(Text)+채굴(Mining)로 텍스트 형태의 비정형 데이터로부터 새로운 고급 정보를 끌어내는 과정으로 데이터 분석 관점에서 정의된다.

구글, 네이버, 다음 등과 같은 사용자가 검색 엔진에 수천억 개에 달하는 웹페이지 정보가 수집해 검색 색인 정리하는 작업을 말하기도 하지만, 사용자가 필요로 하는 정보를 소규모로 수집하는 작업을 크롤링(crawling) 또는 스크래핑(scraping)이라고 하며, 웹페이지를 텍스트 정보를 그대로 가져와서 데이터를 추출하는 방법으로, 크롤링하는 소프트웨어는 크롤러(crawler)라고 한다.

웹크롤링(web crawling)은 웹을 탐색하는 크롤러(crawler)를 이용하여 여러 인터넷 사이트의 웹페이지 자료를 수집해서 분류하는 과정이며, 자동화된 방법으로 월드와이드웹(www)을 탐색하는 컴퓨터 프로그램을 의미한다. 스크래핑(scraping)은 웹사이트의 내용을 가져와 원하는 형태로 가공하는 기술과 웹사이트의 데이터를 수집하는 모든 작업을 의미하며, 크롤링도 스크래핑 기술의 일종이므로 구분하는 것은 큰 의미가 없다. 일반적으로 사용되는 포털 사이트인 네이버의 뉴스 검색을 기반으로 키워드를 입력하여 검색어에 대한 URL(Uniform Resource Locator)과 제목을 검출하는 것을 해보도록 한다.

1) Naver News에서 keyword 검색

크롤링은 인터넷상의 웹을 통해서 데이터를 요청하고 응답받는 과정과 검색 데이터에서 필요로 하는 내용을 추출하는 작업으로 일반적으로 쉽게 접근이 가능한 네이터 뉴스 검색을 통해서 키워드 검색으로 URL과 제목에 대한 정보를 가져오는 것을 해보도록 한다.

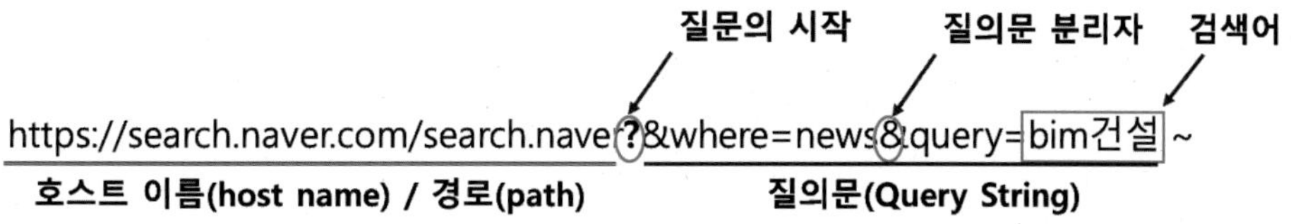

[그림 IV-1-12] URL 구조

URL에는 웹서버 이름, 웹페이지의 경로, 질의문 등 크게 3개로 이루어져 있으며, 질의문에 키워드를 넣어 검색이 가능한 구조이다.

웹은 일반적으로 HTML, CSS, JavaScript 등으로 개발되어 있으므로 HTML 기반의 웹 데이터를 크롤링하기 위해서 'httr' 패키지를 이용하여 데이터를 요청하고 응답받는 작업을 하고, 응답받은 HTML 데이터에서 내용을 추출하는 작업은 'rvest'를 이용하며, 추출한 내용은 'tidyverse' 등의 패키지를 이용하여 전처리하는 작업을 하게 된다. 여러 개의 패키지를 한 번에 설치할 수 있다.

➡ 설치: install.packages(c('tidyverse','rvest','httr','KoNLP','stringr','tm','qgraph','xml2', 'wordcloud2', 'xlsx'))

```r
library(tidyverse)
library(rvest)
library(xml2)
library(xlsx)

url01 <- "https://search.naver.com/search.naver?&where=news&query="
url02 <- "&sm=tab_pge&sort=0&photo=0&field=0&reporter_article=&pd=0&ds=&de=&
          docid=&nso=so:r,p:all,a:all&mynews=0&cluster_rank=33&start="

url03 <- "&refresh_start=0"

keyword <-"bim건설"                        # 키워드 입력
page <- 1                                  # 검색 페이지 1번
```

```
url<- paste0(url01,keyword,url02,page,url03)    # 네이버 뉴스 검색 페이지 URL
sub_url <- read_html(url) %>%
  html_nodes(css=".group_news") %>%
  html_nodes(css=".news_wrap") %>%
  html_nodes(css=".news_area") %>%
  html_nodes("a") %>%
  html_attr("href")


title<- read_html(url) %>%    # 검색어에 대한 제목
  html_nodes(css=".group_news") %>%
  html_nodes(css=".news_wrap") %>%
  html_nodes(css=".news_area") %>%
  html_nodes("a") %>%
  html_attr("title")


title <- na.omit(title)                #NA 제거


cnt=1
news_sub_url=c()
for (i in 1:length(sub_url)){    #URL 정리
  if(nchar(sub_url[i])>40){
    news_sub_url[cnt]=sub_url[i]
    cnt=cnt+1
  }
}
news_sub_url=unique(news_sub_url) #중복된 행 삭제
news_sub_url
```

네이버 뉴스 검색(keyword : bim건설)

TIP

URL(Uniform Resource Location)은 웹서버의 고유 주소를 나타내는 것으로 클라이언트가 웹브라우저에 웹서버의 주소를 입력해서 원하는 웹서버를 찾을 수 있게 해주는 것을 말함.

2) 단어 구름

문서(document)는 문장을 하나 또는 그 이상을 포함하고 있으며, 형태상으로 문단으로 구성되어 있다('기승전결이 완성된 하나의 글'을 뜻하며, 하나의 데이터 단위). 말뭉치(corpus)는 특정 분야에서 발생하는 문서의 집합을 의미한다.

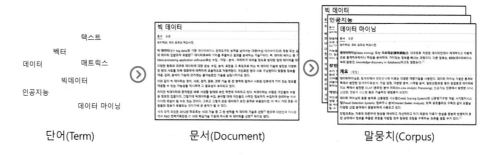

[그림 IV-1-13] 단어, 문서, 말뭉치의 구분

이러한 다양한 문서 또는 말뭉치 등을 분석하기 위해서는 일정한 크기의 벡터로 변환하여 분석하는 것이 효율적이므로 DTM(Document Term Matrix)를 적용하여 문서를 벡터로 변환하여 문서 분류, 정보 검색, 단어 구름 등으로 예제와 같이 분류할 수 있다. 전처리 과정을 거쳐 문서에 나타난 단어의 빈도를 표현하는 행렬을 사전에 있는 단어별로 발생 빈도로 구분하여 나타내는 것이다.

Ex) 말뭉치가 다음과 같은 세 가지의 문서로 되어 있다고 가정한다.

- Doc01 : 나는 빅데이터 분석이 필요하다고 생각한다.
- Doc02 : 빅데이터 분석은 어디서부터 시작일까?
- Doc03 : 여름에는 어디를 여행하는 것이 좋다고 생각하나요?

사전에 있는 단어별로 빈도를 나타내면 7개의 단어로 구성할 수 있다.

	나	빅데이터	어디	여름	분석	시작	생각
Doc01	1	1	0	0	1	0	1
Doc02	0	1	1	0	1	1	0
Doc03	0	0	1	1	0	0	1

3개 문서를 7차원 벡터로 표현하여 DTM으로 나타내면 다음과 같다.

$$DTM = \begin{bmatrix} 1100101 \\ 0110110 \\ 0011001 \end{bmatrix}$$

문장은 단어로 이루어져 있으며, 단어마다 중요성이 다르고, 단어 사이에 연관된 관계 정보가 있으므로 가시적으로 표현되었을 경우 떠오르는 단어 및 다양한 부분에 대해서 유추할 수 있기 때문에 단어 구름을 통하여 가시화하는 것을 다루어 본다.

단어 구름(Word cloud)은 2차원 공간에 표시하며, 중요도가 높은 단어는 큰 폰트를 써서 중앙에 배치, 연관성이 높은 단어는 가까이 배치하여 가시화하는 방법이다.

위에서 검색한 검색어에 대한 제목에 대한 단어 구름을 가시화해 보도록 한다.

```
library(ggplot2)
library(dplyr)
library(tm)              # text mining을 위한 함수
library(wordcloud2)
library(KoNLP)

Search.words <- function(doc){
  cdoc <- as.character(doc)
  cpos <- paste(SimplePos09(cdoc))
  extracted <- str_match(cpos, '([가-힣]+)/[NP]')
  keyword <- extracted[,2]
```

```
    keyword[!is.na(keyword)]
}


cps <- c()
tdms <- c()


options(mc.cores=1)      # 단일 Core만 활용하도록 변경 (옵션)
for (i in 1:length(title)){
  cps[i] <- Corpus(VectorSource(title[i]))
  tdm <- TermDocumentMatrix(cps[i],
  control=list(tokenize=Search.words,      # token 분류 시 활용할 함수명 지정
              removePunctuation=T,         # 기호를 삭제한다.
              removeNumbers=T,             # 숫자를 삭제한다.
              wordLengths=c(2, 20),        # 단어 길이 설정
              weighting=weightBin))
  tdms[i] <- list(tdm)
}


tdms.matrix <- c(matrix())
words <- c()


for (i in 1:length(title)){
  dim(tdms[[i]])
  tdms.matrix <- as.matrix(tdms[[i]])
  Encoding(rownames(tdms.matrix)) <- "UTF-8"
  word<- rownames(tdms.matrix)[1:length(tdms.matrix)]
  words[i] <- list(word)
}


total.dms<-DocumentTermMatrix(words)
inspect(total.dms)


word_matrix=as.matrix(total.dms)
word_sort=sort(colSums(word_matrix),decreasing = T)
```

단어 구름 (45도 회전)

```
word_frame=data.frame(word=names(word_sort),freq=word_sort)
word_list=word_frame[1:50,] #데이터 rank 설정
#wordcloud2(word_list)
#wordcloud2(word_list,shape='star')    #배경 별 모양
wordcloud2(word_list,minRotation = pi/4,maxRotation = pi/4,rotateRatio =
1.0)    #단어 회전 방향 및 범위 지정
```

한글 자연어 분석 패키지인 KoNLP(Korea Natural Language Processing) 패키지로 한국어를 분석할 수 있는 27개의 함수가 있으며, 일반적으로 많이 사용하는 형태소 추출하는 함수로는 SimplePos09(), SimplePos22( ) 함수가 있다.

- SimplePos09( ) 함수은 한나눔 형태소 분석기 기반 9개 품사로 분류함.
- SimplePos22( ) 함수은 22개로 세수 분류함.

또한, 본문 텍스트를 추출하여 많이 사용한 단어 10개를 막대도표로 시각화를 해보도록 한다.

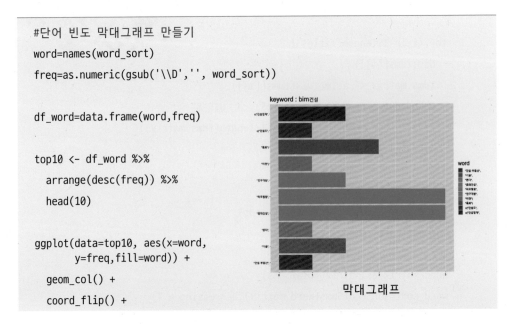

```
#단어 빈도 막대그래프 만들기
word=names(word_sort)
freq=as.numeric(gsub('\\D','', word_sort))

df_word=data.frame(word,freq)

top10 <- df_word %>%
  arrange(desc(freq)) %>%
  head(10)

ggplot(data=top10, aes(x=word,
     y=freq,fill=word)) +
  geom_col() +
  coord_flip() +
```

```
geom_bar(stat="identity")+
labs(title = 'keyword : bim건설',
   x = NULL, y = NULL) +
  theme(title = element_text(size = 20))
```

TIP

wordcloud2은 wordcloud 이후에 나온 update 버전으로 자동으로 색상을
입혀 주고 단어를 다양한 방향으로 배치가 가능하므로 가시화를 효율적으로
할 수 있음.

I
빅 데 이 터 개 요

II
R 시 작 하 기

III
데 이 터 탐 색

IV
예 측 선 형 회 귀
모 델 링 과

V
디 지 털 영 상 처 리

VI
부 록

데이터베이스

1. 데이터베이스 시스템에 대해 설명할 수 있다.

2. 데이터 조작에 대해 설명할 수 있다.

3. 데이터 분석을 기반으로 예측 모델링에 대해 설명할 수 있다.

1 데이터베이스 시스템

- 데이터(data)는 관찰의 결과로 나타난 정량적 또는 정성적인 실제값이며, 개별 데이터 자체로는 의미가 중요하지 않은 객관적인 사실이다.

- 정보(information)는 데이터에 의미를 부여한 것으로 데이터의 가공, 처리와 데이터 간 연관 관계 속에서 의미가 도출된 것이다.

- 지식(knowledge)은 사물이나 현상에 대한 이해는 데이터를 통해 도출된 다양한 정보를 구조화하여 유의미한 정보를 분류하고 개인적인 경험을 결합시켜 고유의 지식으로 내재화된 것이다.

- 지혜(wisdom)는 패턴화된 지식으로 지식의 축적과 아이디어가 결합된 창의적인 산물, 근본 원리에 대한 깊은 이해를 바탕으로 도출되는 창의적 아이디어이다.

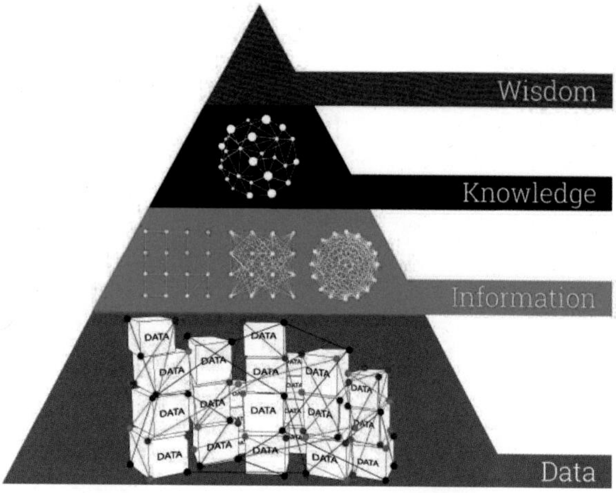

[그림 IV-2-1] DIKW 피라미드

1) 데이터베이스

조직에 필요한 정보를 얻기 위해 논리적으로 연관된 데이터를 모아 구조적으로 통합해 놓은 것이다.

분야	활용
생활과 문화	기상 정보 : 날씨 관련 정보를 제공 교통 정보 : 교통 상황 관련 정보를 제공 문화예술 정보 : 공연이나 인물에 관한 정보를 제공
비즈니스	금융 정보 : 금융, 증권, 신용에 관한 정보를 제공 취업 정보 : 노동부와 기업의 채용 관련 정보를 제공 부동산 정보 : 공공기관이나 민간의 토지, 매물, 세금 정보를 제공
학술 정보	연구학술 정보 : 논문, 서적, 저작물에 관한 정보를 제공 특허 정보 : 특허청의 정보를 기업과 연구자에게 제공 법률 정보 : 법제처와 대법원의 법률에 관한 정보를 제공 통계 정보 : 국가기관의 통계에 관한 정보를 제공

데이터베이스 시스템은 데이터의 검색과 변경 작업을 주로 수행한다. 변경이란 시간에 따라 변하는 데이터값을 데이터베이스에 반영하기 위해 수행하는 삽입, 삭제, 수정 등의 작업을 말한다.

I 빅데이터 개요

II R 시작하기

III 데이터 탐색

IV 예측 선형 회귀 모델링과

V 디지털 영상 처리

VI 부록

[표 IV-1] 검색과 변경 빈도에 따른 데이터베이스 유형

유형	검색 빈도	변경 빈도	데이터베이스 예	특징
유형 1	적다	적다	공룡 데이터베이스	• 검색이 많지 않아 데이터베이스를 구축할 필요 없음 • 보존가치가 있는 경우에 구축
유형 2	많다	적다	도서 데이터베이스	• 사용자 수 보통 • 검색은 많지만 데이터에 대한 변경은 적음
유형 3	적다	많다	비행기 예약 데이터베이스	• 예약 변경/취소 등 데이터 변경은 많지만 검색은 적음 • 검색은 변경을 위하여 먼저 시도됨 • 실시간 검색 및 변경이 중요함
유형 4	많다	많다	증권 데이터베이스	• 사용자 수 많음 • 검색도 많고 거래로 인한 변경도 많음

(1) 데이터베이스의 개념

① 통합된 데이터(integrated data) : 데이터를 통합하는 개념으로, 각자 사용하던 데이터의 중복을 최소화하여 중복으로 인한 데이터 불일치 현상을 제거한다.

② 저장된 데이터(stored data) : 문서로 보관된 데이터가 아니라 디스크, 테이프 같은 컴퓨터 저장 장치에 저장된 데이터를 의미한다.

③ 운영 데이터(operational data) : 조직의 목적을 위해 사용되는 데이터, 즉 업무를 위한 검색을 할 목적으로 저장된 데이터이다.

④ 공용 데이터(shared data) : 한 사람 또는 한 업무를 위해 사용되는 데이터가 아니라 공동으로 사용되는 데이터를 의미한다.

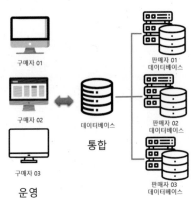

[그림 IV-2-2] 데이터베이스

(2) 데이터베이스의 특징

① 실시간 접근성(real time accessibility) : 데이터베이스는 실시간으로 서비스되며, 사용자가 데이터를 요청하면 몇 시간이나 며칠 뒤에 결과를 전송하는 것이 아니라 수 초 내에 결과를 서비스한다.

② 계속적인 변화(continuous change) : 데이터베이스에 저장된 내용은 어느 한순간의 상태를 나타내지만, 데이터값은 시간에 따라 항상 바뀌면서 데이터베이스는 삽입, 삭제, 수정 등의 작업을 통하여 바뀐 데이터값을 저장한다.

③ 동시 공유(concurrent sharing) : 데이터베이스는 서로 다른 업무 또는 여러 사용자에게 동시(병행)에 공유되며, 데이터베이스에 접근하는 프로그램이 여러 개가 있다는 것을 의미한다.

④ 내용에 따른 참조(reference by content) : 데이터베이스에 저장된 데이터는 데이터의 물리적인 위치가 아니라 데이터값에 따라 참조된다.

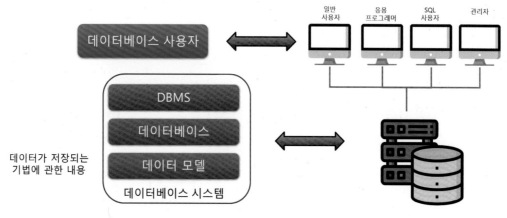

[그림 IV-2-3] 데이터베이스 시스템의 구성

I 빅데이터 개요

II R 시작하기

III 데이터 탐색

IV 예측 선형 회귀 모델링과

V 디지털 영상 처리

VI 부록

2) 데이터베이스 시스템

[표 IV-2] 정보통신 기술의 발전

단계	시기	정보기술	주요 특징
1단계	1970년대	컴퓨터 없음	• 점원이 모든 도서의 제목과 가격을 기억 • 매출과 판매가 컴퓨터 없이 관리됨 • 매출에 대한 내용이 정확하지 않음
2단계	1980년대	컴퓨터	• 컴퓨터를 이용한 초기 응용 프로그램으로 업무 처리 • 파일 시스템 사용 • 한 대의 컴퓨터에서만 판매 및 매출 관리
3단계	1990년대	컴퓨터＋원격통신	• 지점 간 클라이언트/서버 시스템을 도입하여 업무 처리 • 데이터베이스 관리 시스템(DBMS)을 도입
4단계	2000년대	컴퓨터＋인터넷	• 인터넷을 이용하여 도서 검색 및 주문 • 웹 DB 시스템으로 불특정 다수 고객 유치 • 고객이 지리적으로 넓게 분산됨
5단계	2010년대	컴퓨터＋인터넷	• 도서뿐만 아니라 음반, 액세서리, 문구, 공연 티켓까지 판매하는 인터넷 쇼핑몰로 확대 • 도서 외 상품의 매출 비중이 50% 이상으로 늘어남

(1) 파일 시스템

데이터를 파일 단위로 파일 서버에 저장되며 각 컴퓨터는 LAN을 통해 파일 서버에 연결, 파일 서버에 저장된 데이터를 사용하기 위해 각 컴퓨터의 응용 프로그램에서 열기/닫기(open/close)를 요청한다. 각 응용 프로그램이 독립적으로 파일을 다루기 때문에 데이터가 중복 저장될 가능성이 있다. 동시에 파일을 다루기 때문에 데이터의 일관성이 훼손될 수 있다.

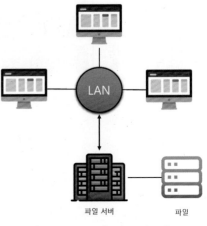

[그림 IV-2-4] 파일 시스템

(2) 데이터베이스 시스템

DBMS를 도입하여 데이터를 통합 관리하는 시스템으로 DBMS가 설치되어 데이터를 가진 쪽을 서버(server), 외부에서 데이터 요청하는 쪽을 클라이언트(client)라고 한다. DBMS 서버가 파일을 다루며 데이터의 일관성 유지, 복구, 동시 접근 제어 등의 기능을 수행한다. 또한, 데이터의 중복을 줄이고 데이터를 표준화하며 무결성을 유지한다.

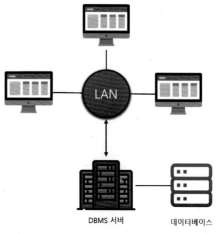

[그림 IV-2-5] 데이터베이스 시스템

(3) 웹 데이터베이스 시스템

데이터베이스를 웹 브라우저에서 사용할 수 있도록 서비스하는 시스템으로 불특정 다수 고객을 상대로 하는 온라인 상거래나 공공 민원 서비스 등에 사용된다.

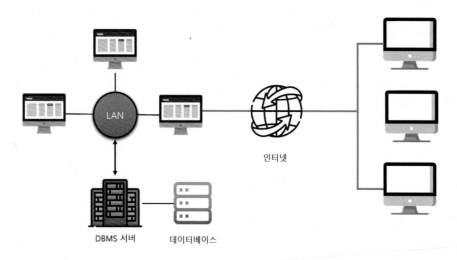

[그림 IV-2-6] 웹 데이터베이스 시스템

I 빅데이터 개요

II R 시작하기

III 데이터 탐색

IV 예측 선형 모델링과 회귀

V 디지털 영상 처리

VI 부록

(4) 분산 데이터베이스 시스템

여러 곳에 분산된 DBMS 서버를 연결하여 운영하는 시스템으로 대규모의 응용 시스템에 사용된다.

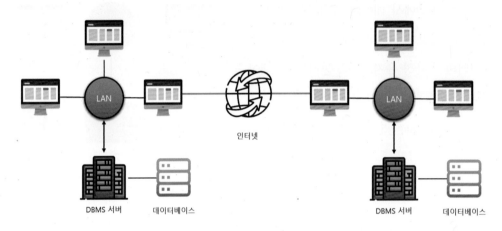

DBMS 서버   데이터베이스   DBMS 서버   데이터베이스

[그림 IV-2-7] 분산 데이터베이스 시스템

2 데이터 조작하기

MySQL은 일반적으로 많이 쓰이는 오픈소스로 SQL에 기반의 관계형 데이터베이스 관리 시스템(RDBMS, Relational Database Management System)이다. 1995년부터 사용되어 왔으며, 서버의 디스크 드라이브에 있는 테이블에 데이터를 다양한 형식으로 저장 및 구조화 방법 및 고유한 스키마를 정의할 수 있도록 하여 유연성을 제공한다. 또한, 윈도우, 리눅스, 유닉스 등 다양한 운영 체제에서 사용할 수 있으며, 다중 사용자와 다중 스레드를 지원하고 C언어, C++, JAVA, PHP 등 여러 프로그래밍 언어를 위한 다양한 API를 제공하고 있다. MySQL 데이터베이스 시스템을 기반한 MariaDB은 개선된 버전으로 MySQL과 호환성이 좋으며 유용성, 보안 및 성능을 개선하였다(MariaDB 설치: 부록 II를 참고).

1) RMySQL

MariaDB에 접속하기 위해서 'RMySQL' 패키지를 설치하고 호스트 IP와 사용자 이름, 비밀번호를 기입하여 데이터베이스에 접속한다.

➥ 설치 : install.packages("RMySQL")

① 데이터베이스 접속

```
rm(list=ls())                # 데이터 전체 삭제
library(RMySQL)
con <- dbConnect(
  MySQL(),                   # 데이터베이스 드라이버(RPgSQL, ROracle, MySQL 등)
  user = 'root',             # 사용자 이름
  password='0000',           # 비밀번호
  host='127.0.0.1',          # 호스트
  dbname='process'           # 데이터베이스 이름
)
dbListTables(con)
frame<-dbGetQuery(con, 'select * from process_data')
frame
```

② 데이터 테이블 생성

```
names(frame) <- gsub("\\.","",names(frame)) # 데이터의 변수명들에서 '.'을 제거
dbWriteTable(con, "CopyData", frame)        # DB를 테이블로 불러오기
dbListTables(con)                           # 리스트 확인
CopyFrame<-dbGetQuery(con, "SELECT * FROM copydata")
CopyFrame
```

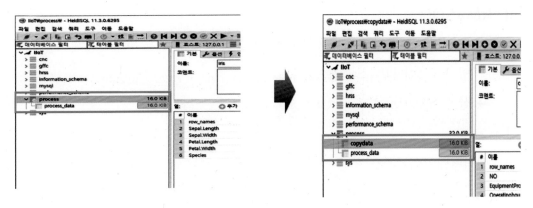

[그림 IV-2-8] 데이터베이스 테이블 생성

③ 데이터 삽입/변경/삭제(INSERT/UPDATE/DELETE – dbSendQuery( ))

㉠ 데이터 삽입

```
# 테이블에 데이터 넣기
sq <- dbSendQuery(con, "INSERT INTO copydata (NO,EquipmentProcess,Operatinghours,
                 Adequate,Defective) VALUES('100','cel00','4','0','1')")
dbClearResult(sq)
tail(dbGetQuery(con, 'select * from copydata'))
#CopyFrame<-dbGetQuery(con, "SELECT * FROM copydata")
```

㉡ 데이터 변경

```
# 테이블 데이터 수정하기
sq <- dbSendQuery(con, "UPDATE copydata SET Adequate = 'No' WHERE Adequate='0'")
dbClearResult(sq)
CopyFrame<-dbGetQuery(con, "SELECT * FROM copydata")
CopyFrame
```

ⓒ 데이터 삭제

```
# 테이블 데이터 삭제하기
sq <- dbSendQuery(con, "DELETE FROM copydata WHERE EquipmentProcess='total'")
dbClearResult(sq)
CopyFrame<-dbGetQuery(con, "SELECT * FROM copydata")
CopyFrame
sq <- dbSendQuery(con, "DELETE FROM copydata WHERE EquipmentProcess='cel00'")
dbClearResult(sq)
CopyFrame<-dbGetQuery(con, "SELECT * FROM copydata")
CopyFrame
```

ⓓ 테이블 삭제

```
# 테이블 제거
dbRemoveTable(con, "copydata")
# rs <- dbSendQuery(con, "DROP TABLE copydata")
# dbClearResult(rs)
CopyFrame<-dbGetQuery(con, "SELECT * FROM copydata")
```

ⓔ 데이터 테이블 생성

```
dbWriteTable(con, "iris", iris)          # iris DB를 테이블로 불러오기
dbListTables(con)                        # 리스트 확인
dbGetQuery(con, "SELECT * FROM iris")    # 테이블 데이터 가져오기
dbRemoveTable(con,"iris")                # 테이블 삭제
sq <- dbSendQuery(con,                   # 새로운 테이블 만들기
            "CREATE TABLE IF NOT EXISTS copydata
            (id INTEGER, name TEXT, age NUMERIC, dep TEXT)")
dbClearResult(sq)
dbRemoveTable(con,"iris")                # 테이블 삭제
```

Ⅰ 빅 데 이 터 개 요

Ⅱ R 시 작 하 기

Ⅲ 데 이 터 탐 색

Ⅳ 예 측 모 델 링 과 선 형 회 귀

Ⅴ 디 지 털 영 상 처 리

Ⅵ 부 록

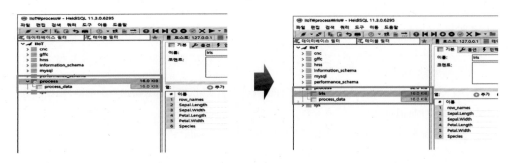

[그림 IV-2-9] iris DB를 테이블 생성

3 CNC 공구 마모도 분석

1) CNC 밀링머신

(1) 밀링머신(Milling machine)

원판 또는 원통체의 외주 면이나 단면에 다수의 절삭 날로 평면, 곡면 등을 절삭하는 기계 선반과는 달리 커터날, 즉 엔드밀 등이 회전하고, 공작물이 바이스 등에 고정되어 있으며, 여러 가지 형태가 있으며, 니(Knee)형 밀링머신을 주로 사용한다.

선반은 축이 X, Z라 2차원 가공을 하는 가공 기계인 반면에 밀링은 축이 X, Y, Z이므로 3차원 가공을 할 수 있다.

범용 밀링머신

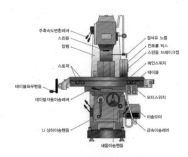

범용 밀링머신 구조

[그림 IV-2-10] 밀링머신

① NC(Numerical Control, 수치 제어) : 공작물이나 공구의 위치를 수치 정보(문자, 숫자, 기호 등)를 이용하여(기계의 운전을) 자동으로 제어한다.

② CNC(Computer Numerical Control) : 미니 컴퓨터를 내장한 NC 장비를 말하며 NC와 달리 CNC에는 컴퓨터 화면을 보면서 NC 명령 및 데이터 편집 등을 할 수 있다.

③ CNC milling machine : 절삭 가공(SM: Subtractive Manufacturing) 물체의 원재료를 절삭하면서 물체를 제작하는 형식이다.

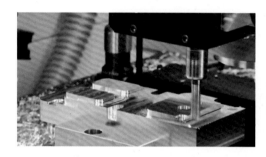
CNC milling machine – 3 axis

CNC milling machine – 5 axis

[그림 IV-2-11] CNC milling machine

(2) 절삭 공구 마모 개요

절삭 공구는 매우 가혹한 마찰 과정을 거친다. 고온에서 매우 높은 응력 조건에서 칩과 가공물 사이의 금속 대 금속 접촉 상태이다. 공구 표면 근처에 극심한 응력과 온도 구배가 존재하기 때문에 상황이 더욱 악화된다. 가공하는 동안 절삭 공구는 필요한 모양, 치수 및 표면 거칠기(마감)를 얻기 위해 구성 요소에서 재료를 제거한다. 절삭 작업 중에 마모가 발생하여 궁극적으로 절삭 공구의 고장으로 이어지며, 공구 마모가 어느 정도 도달하면 원하는 절삭 동작을 보장하기 위해 공구 또는 활성 모서리를 교체해야 한다.

절삭 공구

선삭용 써메트

인덱서블 드릴

WIND MILL

[그림 IV-2-12] 절삭 공구

(3) 공구 마모

공구 경사면과 칩 사이의 높은 접촉 응력은 경사면에 심한 마찰을 야기할 뿐만 아니라 측면과 가공된 표면 사이에 마찰이 있다. 그러므로 경사면과 측면에서 관찰할 수 있는 다양한 마모 패턴과 흉터가 나타난다.

- 크레이터 마모(Crater wear)
- 측면 마모(Flank wear)
- 노치 마모(Notch wear)
- 치핑(Chipping)
- 궁극적인 실패(Ultimate failure)

① 크레이터 마모(Crater wear)

칩이 경사면을 가로질러 흘러 칩과 경사면 사이에 심한 마찰이 발생하고 일반적으로 주요 절삭 날과 평행한 경사면에 흉터가 남는다. 작업 경사각을 증가시키고 절삭력을 감소시킬 수 있지만 절삭 날의 강도도 약화시킨다. 분화구 마모를 측정하는 데 사용되는 매개변수는 다이어그램에서 볼 수 있다. 크레이터 깊이 KT는 경사면 마모를 평가하는 데 가장 일반적으로 사용되는 매개변수이다.

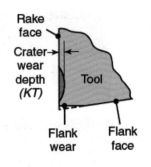 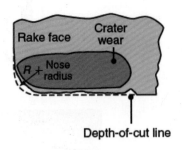 

[그림 IV-2-13] Crater wear

② 플랭크 마모(Flank wear)

플랭크(릴리프) 면의 마모를 플랭크 마모라고 하며 마모 랜드가 형성된다. 마모 랜드 형성은 공구의 주요 절삭 날과 부 절삭 날을 따라 항상 균일하지 않다. 전면 마모는 가장 일반적으로 가공된 표면에 대한 절삭 날의 마모로 인해 발생하며, 측면 마모는 도구를 검사하거나 도구 또는 가공 부품의 크기 변화를 추적하여 생산 중 모니터링할 수 있다. 측면 마모는 평균 및 최대 마모 랜드 크기 VB 및 VBmax를 사용하여 측정할 수 있다.

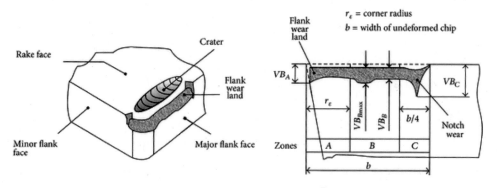

[그림 IV-2-14] Flank wear

③ 노치 마모(Notch wear)

주요 절삭 날이 작업 표면과 교차하는 지점에 인접하여 발생하는 특수 유형의 결합된 측면 및 경사면 마모로 마모 랜드의 바깥쪽 가장자리에 있는 틈(또는 홈, 가우징)은 작업 재료의 딱딱하거나 거친 피부를 나타낸다. 표피는 단조, 주조 또는 열간 압연된 공작물을 첫 번째 기계 통과 중에 발생할 수 있으며, 많은 스테인리스강 및 내열 니켈 또는 크롬 합금을 포함하여 가공 경화 특성이 높은 재료의 기계 가공에 일반적으로 이전 가공 작업은 얇은 가공 경화 스킨을 남긴다.

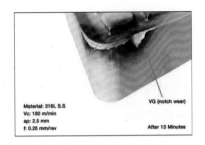

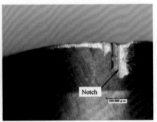

[그림 IV-2-15] Notch wear

(4) CNC milling machine - 공구 마모 감지

CNC 기계에서 가공에 대한 데이터는 캐글(www.kaggle.com)에서 공개된 데이터를 기반으로 툴 마모도에 대한 영향을 주는 요인과 데이터 기반으로 모델을 생성하고, 예측 모델을 기반으로 훈련 데이터로 결과를 예측하였다.

① Dataset은 가공 실험에서 수집된 데이터가 제공되었으며, 공구 상태, 이송 속도 및 클램핑 압력의 변화에 대해 CNC 기계에서 가공 데이터를 수집된다.

- 이송 속도: 공작물을 따른 절삭 공구의 상대 속도(mm/s)
- 클램핑 압력: 바이스에 공작물을 고정하는 데 사용되는 압력(bar)
- 18개의 가공 실험에서 시계열 데이터는 CNC의 4개 모터(X, Y, Z축 및 스핀들)에서 샘플링 속도로 $100ms$로 수집되었으며, 각 실험의 출력에는 공구 상태(미사용 및 마모된 공구)와 공구가 육안 검사를 통과했는지 여부가 포함된다.

➥ 설치: install.packages(c("plotly","ggthemes","corrplot","corrplot","rpart.plot", "DescTools","plotrix","ggplotly"))

➥ 공구 마모 감지 또는 부적절한 클램핑 감지를 위해 이 데이터 세트를 사용할 수 있음

➥ 데이터베이스 접속

```
rm(list=ls())
library(dplyr)
```

```
library(ggplot2)
library(plotly)
library(gridExtra)
library(ggthemes)
library(rpart)
library(rpart.plot)
library(corrplot)
library(plotrix)
library(ggplot2)
library(RMySQL)
con <- dbConnect(
  MySQL(),
  user = 'root',
  password = '0000',
  host = '127.0.0.1',
  dbname = 'cnc'
)
dbListTables(con)
frame<-dbGetQuery(con, 'select * from experiment_sum')
head(frame)
```

② EDA(Exploratory Data Analysis, 탐색적 데이터 분석) － 기계 입력(Machine Inputs)

물질의 관찰은 왁스(wax)뿐이므로 열은 모델링 기능에 적용되지 않는다.

```
# Machine Input
frame$feedrate=as.numeric(frame$feedrate)
frame$clamp_pressure=as.numeric(frame$clamp_pressure)

gp <- ggplot(frame, aes(x=frame$feedrate)) +geom_density(fill="orange",
alpha=1.0) + labs(title = "Distribution of feedrate", x="Feedrate", y="Density")
ggplotly(gp)
gp <- ggplot(frame, aes(x=frame$clamp_pressure)) + geom_density(fill="green", alpha=1.0) +
  labs(title = "Distribution of clamp pressure", x="clamp pressure", y="Density")
```

```
ggplotly(gp)
gp <- ggplot(frame, aes(x=frame$material)) + geom_bar(fill="blue", alpha=1.0) +
  labs(title = "Material count", x="Material", y="Density")
ggplotly(gp)
```

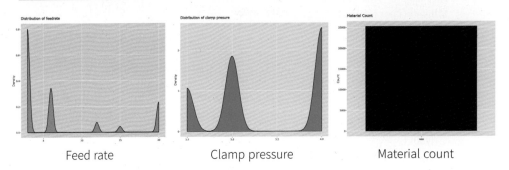

| Feed rate | Clamp pressure | Material count |

③ EDA(Exploratory Data Analysis, 탐색적 데이터 분석) − 기계 출력(Machine Outputs)

'시각 검사 불합격' 횟수가 '가공 미완료' 횟수보다 크며, 기계에 의한 밀링이 충분히 신뢰할 수 없다는 것을 의미한다. 작업자는 경험을 통해서 검사 시스템이 할 수 없는 고장을 감지하는 몇 가지 트릭이나 기술을 가지고 있다.

```
# tool
tool.condition<-prop.table(table(frame$tool_condition))
barplot(tool.condition,xlab='Worn/Unworn',ylab='Percentage', main='Tool Wear Count',
col=rainbow(2))
# machine finalized
machining.finalized<-prop.table(table(frame$machining_finalized))
barplot(machining.finalized,main='Finalized Count',xlab='No/Yes',ylab='Percentage',
col=rainbow(2))
# visual inspection
visual.inspection<-prop.table(table(frame$passed_visual_inspection))
barplot(visual.inspection,main='Visual Inspection Passed Count',xlab='No/Yes',
ylab='Percentage',col=rainbow(2))
```

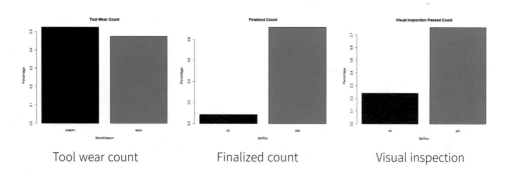

Tool wear count   Finalized count   Visual inspection

```
# worn & finallized일 경우
idx<-frame$tool_condition=='worn'
finalized.worn<- frame$machining_finalized[idx]
p.finalized.worn<-prop.table(table(finalized.worn))
barplot(p.finalized.worn,xlab='Worn/Unworn',ylab='Percentage', main='[Worn]Finalized Count',
col=rainbow(2))
# unworn & finallized일 경우
idx<-frame$tool_condition=='unworn'
finalized.unworn<- frame$machining_finalized[idx]
p.finalized.unworn<-prop.table(table(finalized.unworn))
barplot(p.finalized.unworn,xlab='Worn/Unworn',ylab='Percentage', main='[Unworn]
Finalized Count',col=rainbow(2))
# worn & visual inspection일 경우
idx<-frame$tool_condition=='worn'
visual.inspection.worn<- frame$passed_visual_inspection[idx]
p.visual.inspection.worn<-prop.table(table(visual.inspection.worn))
barplot(p.visual.inspection.worn,xlab='Worn/Unworn',ylab='Percentage', main='[Worn]
Visual Inspection Passed Count',col=rainbow(2))
# unworn & visual inspection일 경우
idx<-frame$tool_condition=='unworn'
visual.inspection.unworn<- frame$passed_visual_inspection[idx]
p.visual.inspection.unworn<-prop.table(table(visual.inspection.unworn))
barplot(p.visual.inspection.unworn,xlab='Worn/Unworn',ylab='Percentage', main='[Unworn]
Visual Inspection Passed Count',col=rainbow(2))
worn.tool.count=c(p.finalized.worn,p.visual.inspection.worn)
barplot(worn.tool.count,xlab='[WORN]Finalized/Passed Visual Inspection',ylab=
'Percentage', main='Machining Finalized and Passed Visual Inspection by Worn Tool
Count',col=rainbow(2))
```

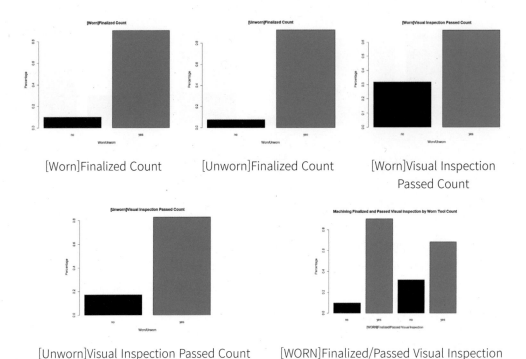

[Worn]Finalized Count   [Unworn]Finalized Count   [Worn]Visual Inspection Passed Count

[Unworn]Visual Inspection Passed Count   [WORN]Finalized/Passed Visual Inspection

④ 공구 마모 감지 – 속도(Velocity), 전류(Current), 전압(Voltage)

- 마모된 도구를 사용한 실험은 구별되지 않으며, 가공이 완료되지 않고 육안검사를 통 과하지 못한 실험은 X, Y, S 축에 특정 패턴이 나타나는 것을 볼 수 있다.
- 광범위한 변화, 낮은 빈도의 변화가 나타나는 것을 볼 수 있다.

```
# velocity
# ts.plot(frame$X1_ActualVelocity, col='red',ylab='mm/s')   # 속도에 대한 전체 데이터 그래프
ts.plot(frame$X1_ActualVelocity[1:1200], col='red',ylab='mm/s')  # x축 1~1200에 대한 그래프
ts.plot(frame$Y1_ActualVelocity[1:1200], col='orange',ylab='mm/s')
ts.plot(frame$Z1_ActualVelocity[1:1200], col='green',ylab='mm/s')
ts.plot(frame$S1_ActualVelocity[1:1200], col='blue',ylab='mm/s')
# curret
ts.plot(frame$X1_CurrentFeedback[1:1200], col='red',ylab='A')
ts.plot(frame$Y1_CurrentFeedback[1:1200], col='orange',ylab='A')
ts.plot(frame$Z1_CurrentFeedback[1:1200], col='green',ylab='A')
```

```
ts.plot(frame$S1_CurrentFeedback[1:1200], col='blue',ylab='A')
# voltage
ts.plot(frame$X1_DCBusVoltage[1:1200], col='red',ylab='V')
ts.plot(frame$Y1_DCBusVoltage[1:1200], col='orange',ylab='V')
ts.plot(frame$Z1_DCBusVoltage[1:1200], col='green',ylab='V')
ts.plot(frame$S1_DCBusVoltage[1:1200], col='blue',ylab='V')
```

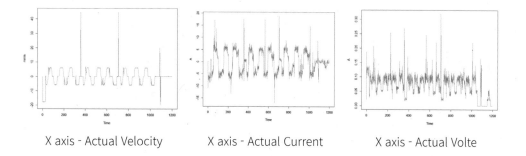

    X axis - Actual Velocity   X axis - Actual Current   X axis - Actual Volte

⑤ 대상 변수로는 도구 조건(tool condition), 가공 완료(machining finalized), 시각 검사 합격을 확인

- 몇 가지 실험 사례를 통해 예측 모델을 만들기 위해 어떤 기능이 더 중요한지 분석했으며, 특히 CNC 정보에서 공구 위치 또는 전류 등의 정보가 기계 고장을 감지하는 데 있어 영향이 있다는 것을 알 수 있다.

```
# feature engineering
# Differential features
frame$X1_ActualVelocity=as.numeric(frame$X1_ActualVelocity)
frame$X1_CommandVelocity=as.numeric(frame$X1_CommandVelocity)
frame$X1_ActualAcceleration=as.numeric(frame$X1_ActualAcceleration)
frame$X1_CommandAcceleration=as.numeric(frame$X1_CommandAcceleration)
# x axis
position.diff.x <- abs(frame$X1_CommandPosition-frame$X1_ActualPosition)
velocity.diff.x <- abs(frame$X1_CommandVelocity-frame$X1_ActualVelocity)
acceleration.diff.x <- abs(frame$X1_CommandAcceleration-frame$X1_ActualAcceleration)
ts.plot(position.diff.x[1:1000], col='blue',ylab='mm')
```

I 빅데이터 개요

II R 시작하기

III 데이터 탐색

IV 예측 모델링과 선형 회귀

V 디지털 영상 처리

VI 부록

```
ts.plot(velocity.diff.x[1:1000], col='orange',ylab='mm/s')
ts.plot(acceleration.diff.x[1:1000], col='green',ylab='mm/s^2')
# y axis
frame$Y1_ActualVelocity=as.numeric(frame$Y1_ActualVelocity)
frame$Y1_CommandVelocity=as.numeric(frame$Y1_CommandVelocity)
frame$Y1_ActualAcceleration=as.numeric(frame$Y1_ActualAcceleration)
frame$Y1_CommandAcceleration=as.numeric(frame$Y1_CommandAcceleration)
position.diff.y <- abs(frame$Y1_CommandPosition-frame$Y1_ActualPosition)
velocity.diff.y <- abs(frame$Y1_CommandVelocity-frame$Y1_ActualVelocity)
acceleration.diff.y <- abs(frame$Y1_CommandAcceleration-frame$Y1_ActualAcceleration)
ts.plot(position.diff.y[1:1000], col='blue',ylab='mm')
ts.plot(velocity.diff.y[1:1000], col='orange',ylab='mm/s')
ts.plot(acceleration.diff.y[1:1000], col='green',ylab='mm/s^2')
# z axis
frame$Z1_ActualVelocity=as.numeric(frame$Z1_ActualVelocity)
frame$Z1_CommandVelocity=as.numeric(frame$Z1_CommandVelocity)
frame$Z1_ActualAcceleration=as.numeric(frame$Z1_ActualAcceleration)
frame$Z1_CommandAcceleration=as.numeric(frame$Z1_CommandAcceleration)
position.diff.z <- abs(frame$Z1_CommandPosition-frame$Z1_ActualPosition)
velocity.diff.z <- abs(frame$Z1_CommandVelocity-frame$Z1_ActualVelocity)
acceleration.diff.z <- abs(frame$Z1_CommandAcceleration-frame$Z1_ActualAcceleration)
ts.plot(position.diff.z[1:1000], col='blue',ylab='mm')
ts.plot(velocity.diff.z[1:1000], col='orange',ylab='mm/s')
ts.plot(acceleration.diff.z[1:1000], col='green',ylab='mm/s^2')
# s axis
frame$S1_ActualPosition=as.numeric(frame$S1_ActualPosition)
frame$S1_CommandPosition=as.numeric(frame$S1_CommandPosition)
frame$S1_ActualVelocity=as.numeric(frame$S1_ActualVelocity)
frame$S1_CommandVelocity=as.numeric(frame$S1_CommandVelocity)
frame$S1_ActualAcceleration=as.numeric(frame$S1_ActualAcceleration)
frame$S1_CommandAcceleration=as.numeric(frame$S1_CommandAcceleration)
# diff
position.diff.s <- abs(frame$S1_CommandPosition-frame$S1_ActualPosition)
velocity.diff.s <- abs(frame$S1_CommandVelocity-frame$S1_ActualVelocity)
```

```
acceleration.diff.s <- abs(frame$S1_CommandAcceleration-frame$S1_ActualAcceleration)
ts.plot(position.diff.s[1:1000], col='blue',ylab='mm')
ts.plot(velocity.diff.s[1:1000], col='orange',ylab='mm/s')
ts.plot(acceleration.diff.s[1:1000], col='green',ylab='mm/s^2')
```

위치 오차	속도 오차	가속도 오차
(Desired-Actual)	(Desired-Actual)	(Desired-Actual)

(5) 부스팅 알고리즘

부스팅 알고리즘(Boosting Algorithm)은 여러 개의 약한 학습기(weak learner)를 순차적으로 학습-예측하면서 잘못 예측한 데이터에 가중치를 부여해 오류를 개선해 나가는 학습 방식이다.

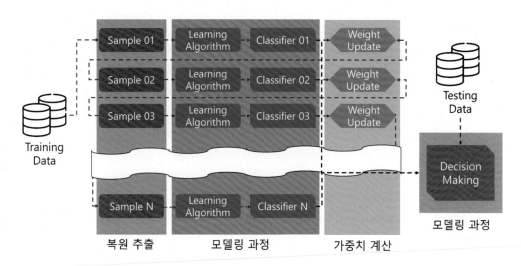

[그림 IV-2-16] Basic Idea of Boosting

① AdaBoost : Adaptive Boost의 줄임말로서 약한 학습기(weak learner)의 오류 데이터에 가중치를 부여하면서 부스팅을 수행하는 대표적인 알고리즘으로, 속도나 성능적인 측면에서 Decision Tree를 약한 학습기로 사용하고 있다.

② GBM(Gradient Boosting Machine) : Sequential 한 weak learner들을 residual을 줄이는 방향으로 결합하여 object function과의 loss를 줄여 나가는 아이디어이다.

③ XGBoost : GBM은 residaul을 줄이는 방향으로 weak learner를 결합해 강력한 성능으로 해당 train data에 residual을 계속 줄이므로 overfitting 되기 쉽다는 문제점이 있으므로 이를 해결하기 위해 XGBoost는 GBM에 regularization term을 추가한 알고리즘이다.

```
# modeling tool condition
for (i in 1:length(frame$tool_condition)){
  if(frame$tool_condition[i]=='worn') {
    frame$tool_condition[i]=1;
  }else{
    frame$tool_condition[i]=0;
  }
}
frame$X1_CurrentFeedback=as.numeric(frame$X1_CurrentFeedback)
frame$X1_DCBusVoltage=as.numeric(frame$X1_DCBusVoltage)
frame$X1_OutputPower=as.numeric(frame$X1_OutputPower)
frame$Y1_CurrentFeedback=as.numeric(frame$Y1_CurrentFeedback)
frame$Y1_DCBusVoltage=as.numeric(frame$Y1_DCBusVoltage)
frame$Y1_OutputPower=as.numeric(frame$Y1_OutputPower)
frame$Z1_CurrentFeedback=as.numeric(frame$Z1_CurrentFeedback)
frame$Z1_DCBusVoltage=as.numeric(frame$Z1_DCBusVoltage)
frame$Z1_OutputCurrent=as.numeric(frame$Z1_OutputCurrent)
frame$Z1_OutputVoltage=as.numeric(frame$Z1_OutputVoltage)
frame$S1_CurrentFeedback=as.numeric(frame$S1_CurrentFeedback)
frame$S1_DCBusVoltage=as.numeric(frame$S1_DCBusVoltage)
frame$S1_OutputPower=as.numeric(frame$S1_OutputPower)
```

```r
frame$M1_CURRENT_PROGRAM_NUMBER=as.numeric(frame$M1_CURRENT_PROGRAM_NUMBER)
frame$M1_CURRENT_FEEDRATE=as.numeric(frame$M1_CURRENT_FEEDRATE)
x.df=subset(frame,select=-c(No,Machining_Process,passed_visual_inspection,
material,machining_finalized))
set.seed(123)
idx <- sample(2, nrow(x.df), replace=T, prob=c(0.7,0.3))
trainData=x.df[idx==1,]
testData=x.df[idx==2,]


# install.packages('gbm')                # GBM 패키지 설치
library(gbm)
ml_gbm <- gbm(
  formula = tool_condition~.,
  distribution = "gaussian",
  data = trainData,
  # weights,
  var.monotone = NULL,
  n.trees = 100,
  interaction.depth = 3,
  n.minobsinnode = 10,
  shrinkage = 0.1,
  bag.fraction = 0.5,
  train.fraction = 0.7,
  cv.folds = 2,
  keep.data = TRUE,
  verbose = TRUE,
  n.cores = NULL
)
print(ml_gbm)
summary(ml_gbm, cBars = 10, method = relative.influence, las = 2)
gbm.perf(ml_gbm, plot.it = T, oobag.curve = T, method = 'OOB')
test_x = testData[, -50]
test_y = testData[, 50]
pred_y = predict.gbm(ml_gbm, test_x)
```

I
빅 데 이 터 개 요

II
R 시 작 하 기

III
데 이 터 탐 색

IV
예 측 선 형 회 귀
모 델 링 과

V
디 지 털 영 상 처 리

VI
부 록

```
x_ax = 1:length(pred_y)
plot(x_ax, test_y, col="blue", pch=20, cex=.9)
lines(x_ax, pred_y, col="red", pch=20, cex=.9)
```

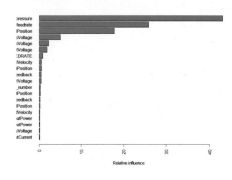

툴 마모에 영향이 있는 데이터 순서

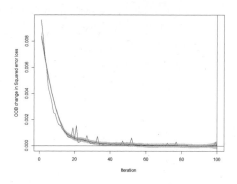

제곱 오차 손실의 OOB 변화

```
# install.packages('xgboost')     # xgboost 패키지 설치
library(xgboost)
# xbgboost
trainData$tool_condition=as.numeric(trainData$tool_condition)
testData$tool_condition=as.numeric(testData$tool_condition)
dtrain<- xgb.DMatrix(as.matrix(trainData), label=trainData$tool_condition)
dtest<- xgb.DMatrix(as.matrix(testData), label=testData$tool_condition)
xgb<- xgboost(data = as.matrix(trainData), label = trainData$tool_condition, max.
depth = 5, eta = 1, nthread = 10, nrounds = 2, objective = "binary:logistic")
XGB_pred <- predict(xgb, newdata=as.matrix(testData))
# XGB_pred <- ifelse(XGB_pred >= 0.01, 1, 0)
x_ax = 1:length(XGB_pred)
plot(x_ax, testData$tool_condition, col="blue", pch=20, cex=.9)
lines(x_ax, XGB_pred, col="red", pch=20, cex=.9)
## Machining Finalized
for (i in 1:length(frame$machining_finalized)){
  if(frame$machining_finalized[i]=='yes') {
    frame$machining_finalized[i]=1;
  }else{
```

```
      frame$machining_finalized[i]=0;
  }
}
x.df=subset(frame,select=-c(No,tool_condition,Machining_Process,passed_visual_inspection,material))
idx <- sample(2, nrow(x.df), replace=T, prob=c(0.7,0.3))
trainData=x.df[idx==1,]
testData=x.df[idx==2,]
```

xgboost 모델 기반의 예측

```
ml_gbm <- gbm(
  formula = machining_finalized~.,
  distribution = "gaussian",
  data = trainData,
  #weights,
  var.monotone = NULL,
  n.trees = 100,
  interaction.depth = 3,
  n.minobsinnode = 10,
  shrinkage = 0.1,
  bag.fraction = 0.5,
  train.fraction = 0.7,
  cv.folds = 2,
  keep.data = TRUE,
  verbose = TRUE,
  n.cores = NULL
```

I 빅데이터 개요 / II R 시작하기 / III 데이터 탐색 / IV 예측 모델링과 선형 회귀 / V 디지털 영상 처리 / VI 부록

```
)
print(ml_gbm)
summary(ml_gbm, cBars = 20, method = relative.influence, las = 2)
gbm.perf(ml_gbm, plot.it = T, oobag.curve = T, method = 'OOB')
```

gbm 모델 기반의 예측

```
test_x = testData[, -50]
test_y = testData[, 50]
pred_y = predict.gbm(ml_gbm, test_x)
x_ax = 1:length(pred_y)
plot(x_ax, test_y, col="blue", pch=20, cex=.9)
lines(x_ax, pred_y, col="red", pch=20, cex=.9)
trainData$machining_finalized=as.numeric(trainData$machining_finalized)
testData$machining_finalized=as.numeric(testData$machining_finalized)
dtrain<- xgb.DMatrix(as.matrix(trainData), label=trainData$machining_finalized)
dtest<- xgb.DMatrix(as.matrix(testData), label=testData$machining_finalized)
xgb<- xgboost(data = as.matrix(trainData), label = trainData$machining_finalized,
max.depth = 5, eta = 1, nthread = 10, nrounds = 2, objective = "binary:logistic")
XGB_pred <- predict(xgb, newdata=as.matrix(testData))
XGB_pred <- ifelse(XGB_pred >= 0.9, 1, 0)
x_ax = 1:length(XGB_pred)
plot(x_ax, testData$machining_finalized, col="blue", pch=20, cex=.9)
lines(x_ax, XGB_pred, col="red", pch=20, cex=.9)
```

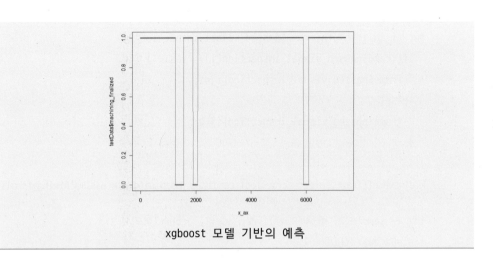

xgboost 모델 기반의 예측

```
# xbgboost
trainData$tool_condition=as.numeric(trainData$tool_condition)
testData$tool_condition=as.numeric(testData$tool_condition)
dtrain<- xgb.DMatrix(as.matrix(trainData), label=trainData$tool_condition)
dtest<- xgb.DMatrix(as.matrix(testData), label=testData$tool_condition)
xgb<- xgboost(data = as.matrix(trainData), label = trainData$tool_condition, max.
depth = 5, eta = 1, nthread = 10, nrounds = 2, objective = "binary:logistic")
XGB_pred <- predict(xgb, newdata=as.matrix(testData))
# XGB_pred <- ifelse(XGB_pred >= 0.01, 1, 0)
x_ax = 1:length(XGB_pred)
plot(x_ax, testData$tool_condition, col="blue", pch=20, cex=.9)
lines(x_ax, XGB_pred, col="red", pch=20, cex=.9)
```

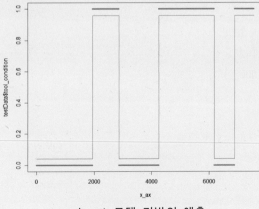

xgboost 모델 기반의 예측

```
for (i in 1:length(frame$passed_visual_inspection)){
  if(frame$passed_visual_inspection[i]=='yes\r') {
    frame$passed_visual_inspection[i]=1;
  }else{
    frame$passed_visual_inspection[i]=0;
  }
}
x.df=subset(frame,select=-c(No,tool_condition,Machining_Process,machining_finalized,
                     material))
idx <- sample(2, nrow(x.df), replace=T, prob=c(0.7,0.3))
trainData=x.df[idx==1,]
testData=x.df[idx==2,]
ml_gbm <- gbm(
  formula = passed_visual_inspection~.,
  distribution = "gaussian",
  data = trainData,
  #weights,
  var.monotone = NULL,
  n.trees = 100,
  interaction.depth = 3,
  n.minobsinnode = 10,
  shrinkage = 0.1,
  bag.fraction = 0.5,
  train.fraction = 0.7,
  cv.folds = 2,
  keep.data = TRUE,
  verbose = TRUE,
  n.cores = NULL )
```

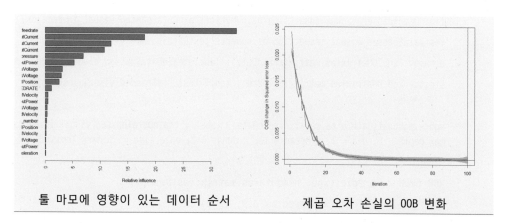

<table>
<tr><td>툴 마모에 영향이 있는 데이터 순서</td><td>제곱 오차 손실의 OOB 변화</td></tr>
</table>

```
print(ml_gbm)
summary(ml_gbm, cBars = 20, method = relative.influence, las = 2)
gbm.perf(ml_gbm, plot.it = T, oobag.curve = T, method = 'OOB')
test_x = testData[, -50]
test_y = testData[, 50]
pred_y = predict.gbm(ml_gbm, test_x)
x_ax = 1:length(pred_y)
plot(x_ax, test_y, col="blue", pch=20, cex=.9)
lines(x_ax, pred_y, col="red", pch=20, cex=.9)
```

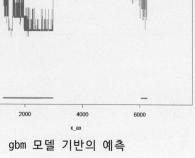

gbm 모델 기반의 예측

```
trainData$passed_visual_inspection=as.numeric(trainData$passed_visual_inspection)
testData$passed_visual_inspection=as.numeric(testData$passed_visual_inspection)
dtrain<- xgb.DMatrix(as.matrix(trainData), label=trainData$passed_visual_inspection)
dtest<- xgb.DMatrix(as.matrix(testData), label=testData$passed_visual_inspection)

xgb<- xgboost(data = as.matrix(trainData), label = trainData$passed_visual_inspection,
max.depth = 5, eta = 1, nthread = 10, nrounds = 2, objective = "binary:logistic")

XGB_pred <- predict(xgb, newdata=as.matrix(testData))
#XGB_pred <- ifelse(XGB_pred >= 0.9, 1, 0)

x_ax = 1:length(XGB_pred)
plot(x_ax, testData$passed_visual_inspection, col="blue", pch=20, cex=.9)
lines(x_ax, XGB_pred, col="red", pch=20, cex=.9)
```

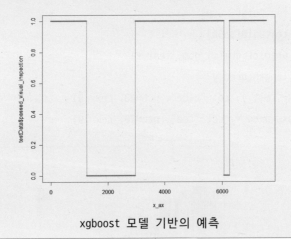

xgboost 모델 기반의 예측

(6) 공구 마모 분석 결과

① X축과 S축의 움직임은 가공 공정에서 공구의 마모도와 연관이 있는 것을 확인
   하였다.

② 속도와 전압은 수집된 데이터에서 많은 영향을 미치는 것을 확인하였다.

③ 가공 완료(Machining Finalized)

ㄱ X축과 Y축 데이터는 공구 마모에 많은 영향을 미치며, X축과 Y축의 움직임은 가공 공정에 안 좋은 영향을 미칠 수 있다.

ㄴ 위치와 전압은 수집된 데이터에 공구 마모도에 많은 영향을 미친다.

④ 시각(육안) 검사 통과(Passed Visual Inspection)

ㄱ X축 및 Y축 데이터는 공구 마모에 많은 영향을 미치며, X축 및 Y축의 이동은 가공 공정에 안 좋은 영향을 미칠 수 있다.

ㄴ 속도와 전압은 수집된 데이터에 많은 연관성이 있는 것을 확인하였다.

ㄷ 특정 주파수 범위에 대한 공구 마모의 영향은 작업자가 감지할 수 있는 외부 처리 결과와 관련이 있다고 생각된다.

⑤ 기타

ㄱ 모든 실험을 통해 Z축 데이터는 관계성이 없다는 것을 확인하였다.

ㄴ 차등 특징은 전반에 걸쳐 이상 검출에 큰 영향을 미치지 않으며, 대부분의 경우 공구 마모 및 가공 공정에서 명령과 실제 위치의 차가 무시할 정도의 오차가 발생했다.

ㄷ 다양한 분석을 진행하기 위해서는 가공 기계의 작동 원리에 대한 학습 및 경험을 많이 필요로 한다.

I 빅데이터 개요

II R 시작하기

III 데이터 탐색

IV 예측 모델링과 선형 회귀

V 디지털 영상 처리

VI 부록

01. 데이터베이스에 대해 설명하시오.

02. 데이터 모델에 해당하지 않는 것은 ?

① 계층 데이터 모델(hierarchical data model)

② 네트워크 데이터 모델(network data model)

③ 객체-관계 데이터 모델(object-relational data model)

④ 신뢰 데이터 모델(trust data model)

03. 데이터베이스 구조와 거리가 먼 것은 ?

① 외부 단계   ② 개념 단계

③ 물리적 단계   ④ 내부 스키마

04. MySQL의 데이터베이스에 접속하기 위한 dbConnect() 함수의 매개변수에 대해서 설명하시오.

05. MySQL에서 데이터 테이블 생성에 대한 커리 명령어에 대해서 작성하시오.

06. 난수 생성 함수를 이용하여 데이터 세트를 생성한 후 단순 선형 회기 모델을 작성하시오.

```
set.seed(1)
x <- 2*sample(100:1,size=10)
y <-  4 +  3 * x + sample(100:1,size=10)
```

07. 난수로 테스트 데이터를 생성하여 위에서 생성된 모델을 기반으로 데이터를 예측하여 나타내시오.

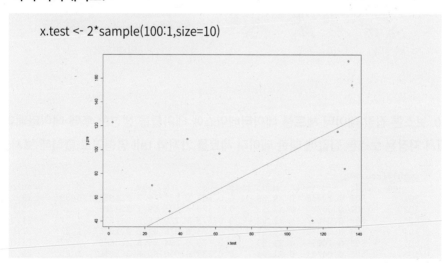

```
x.test <- 2*sample(100:1,size=10)
```

연습문제

08. 보스톤 집값 데이터 세트를 이용하여 집값의 변동에 대한 환경 요인에 대한 선형 회귀를 적용하여 집값 예측 모델에서 종속변수(medv)에 영향을 미치는 독립변수들의 관계에 대해서 후진 소거법을 적용하여 관계성을 분석해 보시오.

```
install.packages('mlbench')
library(mlbench)
data("BostonHousing")
head(BostonHousing)
- 종속 변수 medv
```

09. 네이버 웹 검색 키워드를 변경하여 검색 제목에 대한 단어 구름 및 단어 빈도에 따른 막대그래프를 만들어 보시오.

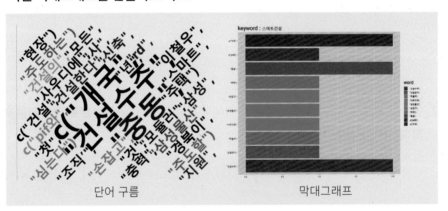

단어 구름   막대그래프

10. 보스톤 집값 데이터 세트를 데이터베이스에 테이블을 생성한 후에 데이터베이스에서 저장된 보스톤 집값에 대한 데이터 세트를 가져와 tail 명령어로 출력해 보시오.

```
> tail(Housing)
    row_names     crim zn indus chas   nox    rm  age    dis rad tax ptratio
501       501 0.22438  0  9.69    0 0.585 6.027 79.7 2.4982   6 391    19.2
502       502 0.06263  0 11.93    0 0.573 6.593 69.1 2.4786   1 273    21.0
503       503 0.04527  0 11.93    0 0.573 6.120 76.7 2.2875   1 273    21.0
504       504 0.06076  0 11.93    0 0.573 6.976 91.0 2.1675   1 273    21.0
505       505 0.10959  0 11.93    0 0.573 6.794 89.3 2.3889   1 273    21.0
506       506 0.04741  0 11.93    0 0.573 6.030 80.8 2.5050   1 273    21.0
```

V

디지털 영상처리

비정형 데이터에는 텍스트나 문자 등의 형태로만 존재하는 것이 아니라 하나로 이미지로 나타나는 경우도 있다. 이러한 이미지 데이터를 로드하고 간단한 분석을 하기 위한 방법으로 색상 분류, 경계 검출, 오픈 CV를 이용한 webcam 연동 및 얼굴 인식에 대해서 다루고 있다. 또한, R 기반으로 tensorflow를 연동하기 위한 과정를 다루었으며, MNIST의 데이터 기반 이미지를 이용하여 이미지 데이터를 검출하는 방법에 대해서 살펴본다.

영상 처리(Image processing)는 영상을 대상으로 신호 처리의 한 분야로 입/출력이 영상인 모든 형태의 정보 처리를 가리키며, 사진이나 동영상을 처리하는 것으로 많은 분야에서 사용되고 있다. 20세기 중반까지 영상 처리는 아날로그로 이루어졌으나 영상 처리할 수 있는 성능의 컴퓨터가 개발되면서 영상 처리 속도의 향상으로 디지털 영상 처리 기법으로 많이 대체되었다. 디지털 영상 처리(Digital image processing)는 1964년 미국의 캘리포니아에 있는 제트추진연구소에서 시작되었으며, 달 표면을 찍은 위성사진의 화질을 개선하기 위한 디지털 컴퓨터를 사용하였다. 사진이나 동영상을 디지털 정보로 변환하여 디지털 컴퓨터에서 화질 강화나 변형을 수행하는 처리 내용이다. 또한, 입/출력의 영상이 모두 디지털 형태의 정보이며, 데이터 처리 방법으로 영구적인 디지털 데이터 저장 장치를 이용해 영구적으로 저장 및 데이터 전송이 가능하며, [그림 V-1-1]과 같이 영상 처리 시스템을 볼 수 있다.

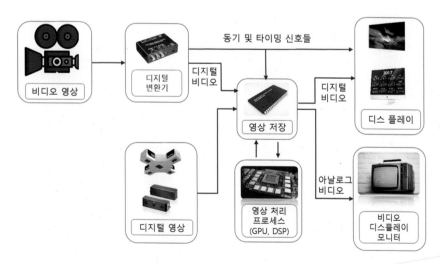

[그림 V-1-1] 아날로그 및 디지털 영상 처리의 기본 단계

디지털 영상 처리 기술에는 영상 개선, 복원, 변환, 분석, 인식, 압축으로 나누어지며, 영상 처리 알고리즘에는 화소 점 처리, 영역 처리, 기하학적 처리, 프레임 처리로 나누어 볼 수 있다.

영상 개선은 영상 화질을 주관적으로 향상시키는 기술이며, 인간이 보기 좋은 화질로 변환하는 것으로 [그림 V-1-2]와 같이 볼 수 있다. 1990년만 하더라도 산업체, 의료기관, 연구소 등에서만 사용되던 영상 처리 기술들이 일상생활 속으로 들어오고 있다. 스마트폰의 발달로 인하여 카메라와 네트워킹 기능을 기본으로 모바일에서의 영상 처리 응용 분야가 급속도로 성장하고 있다. 카메라에서 사람의 얼굴을 찾기, 영어 문장을 비추면 자동으로 한글로 번역 그리고 유명한 화가 등의 사물을 비추면 관련 정보를 검색해 주기도 한다.

이와 같이 영상 처리는 다양한 분야로 나눌 수 있다. 영상 복원은 영상 화질을 객관적으로 향상시키는 기술로 손상된 영상을 원본 영상으로 변환하거나, 영상 훼손 원인을 모델링 후 역변환한다.

[그림 V-1-2] 디지털 영상 개선 (저조도 개선, 안개 제거)

영상 변환은 디지털 공간 영상 데이터를 주파수 평면 등 물리적으로 다른 의미의 공간으로 변환하는 기술이다. 영상 분석은 영상이 지닌 특징을 수치화하여 표현하며, 구조적 특징, 통계적 특징 등을 추출한다. 하지만, 추출된 특징만을 사용하기 때문에 원본 영상으로 복원은 불가능하다.

이러한 디지털 영상 처리 활용 분야로 얼굴 인식과 홍채 인식은 도어락, 휴대전화 사용자 인증, 범죄자 검출, 출입 관리 시스템 등에 사용되며, 차량 번호 인식은 도로 통행 차량 번호 인식(과속 차량, 수배 차량, 도난 차량 등 검출)으로 사용되며, 문자 인식은 문자 패턴을 대상으로 한 패턴 인식, 문자를 판독하는 것을 목적으로 광학 문자 판독기(OCR, Optical Character Recognition) 등에 사용된다. 또한, 의료 영상 기술은 초음파, MRI, CT, PET 등에 적용되고 있으며, 산업 현장에서는 불량 제품 검사, 용량 측정, 상황 인지, 로봇 비전과 같은 영상 해석 기술 등에 사용된다. 위성 영상 처리, 인터랙티브 게임, 기능형 감시 카메라, 무인 자동차 등 다양한 분야에 사용되고 있다.

I 빅데이터 개요

II R 시작하기

III 데이터 탐색

IV 예측 선형과 모델링과 회귀

V 디지털 영상 처리

VI 부록

이미지 분석

디지털 영상 처리에서 이미지를 나타낼 때 다양한 색상을 기반으로 이미지를 표현하고 있다. 이러한 이미지는 일반적으로 빛의 삼원색을 이용하여 색을 표현하는 기본적인 색상 모델이며, 빨강(Red), 초록(Green), 파랑(Blue) 3가지 성분을 조합하여 표현한다. 가산혼합은 색을 섞을수록 밝아지는 특징이 있으며, 음극선관(브라운관), 액정 디스플레이, 플라스마 디스플레이 등에 적용된다. 광원의 조합을 통해 여러 가지 색으로 표현되며, 8비트를 각각 R, G, B에 각각 할당함으로써 색상마다 0~255 사이의 값들로 표현할 수 있다. 사람의 색인지에 기반을 둔 색상은 HSV(Hue, Saturation, Value) 모델이다. 색상(Hue), 채도,(Saturation) 명도(Value)의 좌표로 색을 지정하며, 3가지 성분의 조합으로 표현한다. 색상은 가시광선 스펙트럼을 고리 모양으로 배치한 색상환으로 0~360°의 범위를 갖는다. 채도는 색상의 가장 진한 생태를 100%로 하였을 때 진함의 정도를 나타내며, 명도는 흰색, 빨간색 등을 100%, 검은색을 0%로 하였을 때 밝은 정도를 나타낸다.

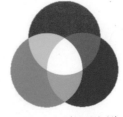

빛의 삼원색(가산혼합)

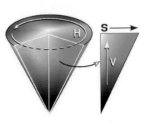

HSV(conic)

[그림 V-1-3] 삼원색 및 HSV

1 RGB 색상 분류

1) 이미지 파일 불러오기

이미지에서 색 정보를 검출하기 위해서는 R, G, B 속성을 기반으로 색상을 분류하기도 하지만, 색상(Hue)이 일정한 범위를 갖는 순수한 색 정보를 가지고 있기 때문에 HSV 모델을 적용하여 쉽게 색을 분류할 수 있다.

① 이미지 파일을 불러오기 위해서 'imager' 패키지를 설치한다.

➥ 설치 : install.packages("imager")

설치된 패키지를 로드한 후에 load.image( ) 함수를 적용하여 plot( ) 함수를 이용해 이미지 변수를 불러온다. [그림 V-1-4]와 같이 이미지가 나타나는 것을 확인한다.

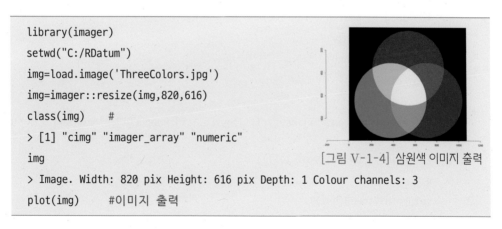

```
library(imager)
setwd("C:/RDatum")
img=load.image('ThreeColors.jpg')
img=imager::resize(img,820,616)
class(img)      #
> [1] "cimg" "imager_array" "numeric"
img
> Image. Width: 820 pix Height: 616 pix Depth: 1 Colour channels: 3
plot(img)       #이미지 출력
```

[그림 V-1-4] 삼원색 이미지 출력

이미지 데이터를 class( ) 함수로 확인해 보면 'cimg' 클래스로 이미지 또는 비디오 데이터를 저장하기 위한 클래스이다. 또한, 이미지의 기본 정보인 크기, 깊이, 3채널(1 : 빨강, 2 : 초록, 3 : 파란색)을 확인하였다. 4채널은 투명도를 포함하고 있는 이미지이다.

2) 설정 영역의 색상 분류

이미지의 RGB 모델에서는 색 정보를 R, G, B 각 요소의 범위는 0~255의 정수로 설정할 수 있으며, 0에 가깝게 하면 어둡게 나타나고 255에 가깝게 하면 밝게 나타난다. HSV 모델에서 H의 범위는 0~360이며, S와 V는 0~1의 범위를 갖는다. RGB 색상을 HSV로 변환하여 설정된 영역의 색상을 분류한 후에 다시 RGB 이미지로 변환하여 이미지를 R, G, B 순으로 영역을 정의하여 [그림 V-1-5]와 같이 출력하였다.

```r
library(imager)
setwd("C:/RDatum")
rgb_img=load.image('ThreeColors.jpg')

img_extract=function(rgb_img,lower=c(0,0,0),upper=c(180,255,255)){
  # opencv에서는 hsv range(180,255,255) > imager에서는 hsv range(360,1,1)
  lower=c(lower[1]*2,lower[2]/255,lower[3]/255)
  upper=c(upper[1]*2,upper[2]/255,upper[3]/255)


  hsv=imager::RGBtoHSV(rgb_img)
  img_nrow=nrow(hsv)
  img_ncol=ncol(hsv)
  img_idxs=list()
  for(i in 1:3){
      hsv[array(lower[i]>hsv[,,1,i]|hsv[,,1,i]>=upper[i],   #lower보다 작거나 upper
                                                            보다 크면 image 제거
      c(img_nrow,img_ncol,1,1))]=0
  }
  return(HSVtoRGB(hsv))
}
plot(img_extract(rgb_img,lower=c(0,50,70),upper=c(9,255,255)))      # red image
plot(img_extract(rgb_img,lower=c(50,50,70),upper=c(87,255,255)))    # green image
plot(img_extract(rgb_img,lower=c(100,50,70),upper=c(128,255,255)))  # blue image
```

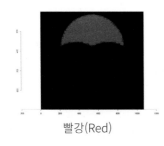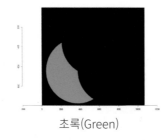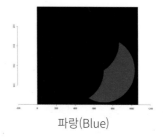

| 빨강(Red) | 초록(Green) | 파랑(Blue) |

[그림 V-1-5] 삼원색 이미지 출력

2 이미지 경계 검출

이미지의 경계를 선명하고 뚜렷하게 만드는 작업을 샤프닝(sharpening)이라고 하며, 경계를 검출하여 경계에 있는 픽셀을 강조한다. 경계를 검출하기 위해서는 픽셀값이 급격하게 변하는 지점을 찾아야 하면, 연속된 값을 미분하여 찾아낼 수 있다.

1) 미분 컨볼루션 커널을 이용한 경계 검출

일반적으로 픽셀은 연속 공간 안에 있지 않으므로 미분 근삿값을 구해야 한다. 미분 근삿값은 서로 붙어 있는 픽셀값을 빼면 되므로 컨볼루션 커널은 수평 $[-1 \quad 1]$, 수직 $\begin{bmatrix} -1 \\ 1 \end{bmatrix}$로 픽셀값을 뺄 수 있다.

① 이미지 경계 검출을 하기 위해서 'BiocManager'와 'EBImage' 패키지를 설치한다.

↪ 설치 :
```
install.packages("BiocManager")
BiocManager::install("EBImage")
```

```
library(EBImage)

# 기본 미분 필터
setwd("C:/RDatum")
img <- readImage("sudoku.png")
print(img, short = T)

# define horizontal and vertical of image
horizontal <- matrix(c(-1, 0, 0 , 1,0,0,0,0,0), nrow = 3)
horizontal
vertical <- matrix(c(-1, 1,0, 0,0,0,0,0,0), nrow = 3)
vertical

# get horizontal and vertical edges
Himg <- filter2(img, horizontal)
Vimg <- filter2(img, vertical)

# combine edge pixel data to get overall edge data
hdata <- imageData(Himg )
vdata <- imageData(Vimg)
tdata <- sqrt(hdata^2 + vdata^2)

print(display(img))        # original image
print(display(hdata))      # horizontal  edge image
print(display(vdata))      # vertical  edge image
print(display(tdata))      # overall edge image
```

수평과 수직 방향으로 미분 커널을 생성하여 필터링을 적용하였다. 수평 방향 미분 필터는 세로 방향의 경계를 검출했으며, 수직 방향 미분은 가로 방향의 경계를 검출하는 것을 보았다. 수평 방향 미분 필터는 좌우 픽셀값의 차를 기반으로 필터링했기 때문에 세로 방향의 경계를 검출한 것이며, 수직 방향 미분 필터는 상/하 픽셀값의 차를 기반으로 필터링했기 때문에 가로 방향의 경계를 검출한 것이다. 수직/수평 방향을 제곱의 루트로 더하여 전체 경계를 구하는 것을 확인하였다.

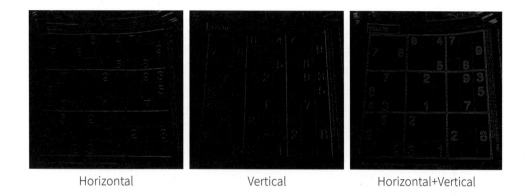

Horizontal   Vertical   Horizontal+Vertical

2) 프리윗 필터

프라윗 필터(Prewitt Filter)는 x축과 y축의 각 방향으로 차분을 세 번 계산하여 경계를 검출하는 필터이며, 프리윗 필터는 상하/좌우 경계는 뚜렷하게 잘 검출되지만 대각선 검출이 잘 안 된다. 컨볼루션 커널은 수평 $\begin{bmatrix} -1 & 0 & 1 \\ -1 & 0 & 1 \\ -1 & 0 & 1 \end{bmatrix}$, 수직 $\begin{bmatrix} -1 & -1 & -1 \\ 0 & 0 & 0 \\ 1 & 1 & 1 \end{bmatrix}$ 로 픽셀값을 뺄 수 있다.

```
library(EBImage)

# 프리윗 필터 (Prewitt Filter)
img <- readImage("sudoku.png")
print(img, short = T)

# define horizontal and vertical of image
horizontal <- matrix(c(-1, -1, -1, 0, 0, 0, 1, 1, 1), nrow = 3)
horizontal
vertical <- t(horizontal )
vertical

# get horizontal and vertical edges
Himg <- filter2(img, horizontal)
Vimg <- filter2(img, vertical)
```

I 빅데이터 개요

II R 시작하기

III 데이터 탐색

IV 예측 선형 모델링과 회귀

V 디지털 영상 처리

VI 부록

```
# combine edge pixel data to get overall edge data
hdata <- imageData(Himg )
vdata <- imageData(Vimg)
tdata <- sqrt(hdata^2 + vdata^2)

print(display(img))        # original image
print(display(hdata))      # horizontal edge image
print(display(vdata))      # vertical edge image
print(display(tdata))      # overall edge image
```

Horizontal

Vertical

Horizontal+Vertical

3) 소벨 필터

소벨 필터(Sobel Filter)는 중심 픽셀의 차분 비중을 두 배로 준 필터이다. 따라서 소벨 필터는 수평, 수직, 대각선 방향의 경계 검출에 모두 강하다. 컨볼루션 커널은 수평 $\begin{bmatrix} -1 & 0 & 1 \\ -2 & 0 & 2 \\ -1 & 0 & 1 \end{bmatrix}$, 수직 $\begin{bmatrix} -1 & -2 & -1 \\ 0 & 0 & 0 \\ 1 & 2 & 1 \end{bmatrix}$ 로 픽셀값을 뺄 수 있다.

```
library(EBImage)

# 프리윗 필터 (Prewitt Filter)
img <- readImage("sudoku.png")
print(img, short = T)

# define horizontal and vertical of image
horizontal <- matrix(c(1, 2, 1, 0, 0, 0, -1, -2, -1), nrow = 3)
horizontal
vertical <- t(horizontal )
vertical

# get horizontal and vertical edges
Himg <- filter2(img, horizontal)
Vimg <- filter2(img, vertical)

# combine edge pixel data to get overall edge data
hdata <- imageData(Himg )
vdata <- imageData(Vimg)
tdata <- sqrt(hdata^2 + vdata^2)

print(display(img))        # original image
print(display(hdata))      # horizontal edge image
print(display(vdata))      # vertical edge image
print(display(tdata))      # overall edge image
```

 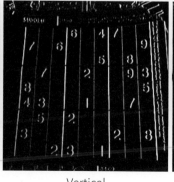 

Horizontal   Vertical   Horizontal+Vertical

4) 캐니 에지

캐니 에지(Canny Edge)는 노이즈들이 에지로 검출하게 되는 경우가 많아서 블러링을 통한 노이즈 제거, 소벨 필터로 경계 및 그레디언트 방향 검출로 경계 기울기(gradiant) 방향을 계산한다. 또한, 기울기(gradiant) 방향에서 검출된 경계 중 가장 큰 값만 선택하고 나머지는 제거하는 비최대치 억제(Non-Maximum Suppression)를 적용하며, 최대, 이력 임곗값(hysteresis threshold)의 최대, 최소 영역을 설정해서 픽셀들 중 최댓값을 넘으면 픽셀과 연결이 없는 픽셀을 제거한다.

```
library(imager)

setwd('C:/RDatum')
image <- load.image("sudoku.jpg")
class(image)
image
dim(image)
image<- grayscale(image)

cannyEdges(image) %>% plot
# Make thresholds less strict
cannyEdges(image,alpha=.4) %>% plot
# Make thresholds less strict
cannyEdges(image,alpha=1.4) %>% plot
```

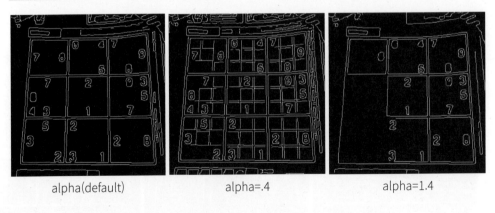

| alpha(default) | alpha=.4 | alpha=1.4 |

다양한 필터를 활용하여 경계를 검출하는 방법에 대해서 확인해 보았다.

I
빅데이터 개요

II
R 시작하기

III
데이터 탐색

IV
예측 모델링과 선형 회귀

V
디지털 영상 처리

VI
부록

학습
목표
• 1. Webcam 연동에 대한 개념에 대해 설명할 수 있다.

디지털 영상 처리에서 일반적으로 많이 사용되는 OpenCV은 오픈소스 비전 라이브러리 중 하나로 Windows, Linux, OS X(macOS), iOS, Android 등 다양한 플랫폼에서 사용 가능하며, 실시간 이미지 프로세싱에 중점을 두고 있다. 영상 관련 라이브러리로서 사실상 표준의 지위를 가지고 있으며, OpenCV 이전에는 MIL 등 상업용 라이브러리를 많이 사용했으나 특별한 상황이 아니면 OpenCV만으로도 원하는 영상 처리가 가능하다.

1 Webcam 연동

1) 이미지 저장 및 불러오기

웹캠에서 출력되는 화면을 캡쳐 후 이미지로 저장 및 불러오기를 하기 위해서 OpenCV 패키지를 아래와 같이 설치해야 한다.

① webcam 연동을 위해서 'opencv' 패키지를 설치한다.

↪ 설치 : install.packages("opencv")

OpenCV에서 ocv_read 및 ocv_write를 사용하여 이미지를 저장/불러오기를 하거나 ocv_picture / ocv_video를 사용하여 웹캠을 사용한다.

```
library(opencv)        # 패키지 불러오기
ocv_version()          # opencv 버전
ocv_video(ocv_hog)     # webcam play
```

webcam 영상

webcam의 이미지를 캡처한 후 지정된 경로에 이미지를 저장한다. 저장된 이미지를 다시 불러와서 ocv_display( ) 함수를 사용하여 이미지를 확인할 수 있다.

```
library(opencv)                            # 패키지 불러오기
setwd("C:/RDatum")
webcam_image <- ocv_picture()
```

```
ocv_write(webcam_image, 'webcam_image.jpg')      # 이미지 저장
read_image <- ocv_read('webcam_image.jpg')       # 이미지 로드
ocv_display(read_image)                           # 이미지 출력
```

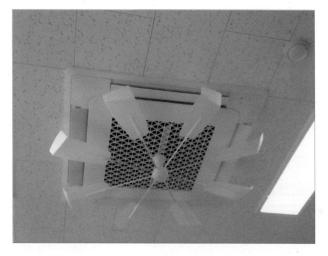

저장된 webcam 이미지

2) OpenCV를 지원하는 다양한 기능

ocv_edges( )는 webcam 영상에서 외곽선을 검출하는 함수이다.

ocv_mog2( )와 ocv_knn( )은 webcam 영상에서 배경 추출하는 함수로 현재 프레임과 객체를 추출하기 위한 배경(background)의 차영상(substraction)을 구하여 Thresholding을 하여 foreground mask를 구한다.

ocv_stylize( )은 webcam 영상을 카툰 필터를 적용하여 영상의 색상을 단순화 시키고, 원본 영상의 외곽선을 검출하여 선 처리된 두 영상을 결합하여 카툰(만화)처럼 바꿔 주는 함수이다.

ocv_facemask( )는 webcam 영상에서 얼굴을 검출하는 함수이다.

ocv_sketch( )는 webcam 영상에서 스케치 필터는 원본 영상의 외곽을 검출하여 외관선을 연필로 스케치한 것처럼 변경된 두 영상을 결합하여 스케치한 것처럼 바꿔 주는 함수이다.

ocv_facemask( )은 webcam 영상에서 얼굴을 검출하는 함수이다.

I
빅 데 이 터 개 요

II
R 시 작 하 기

III
데 이 터 탐 색

IV
예 측 모 델 링 과 선 형 회 귀

V
디 지 털 영 상 처 리

VI
부 록

```
library(opencv)              # 패키지 불러오기
ocv_video(ocv_edges)         # Edge detection
ocv_video(ocv_stylize)
ocv_video(ocv_sketch)
ocv_video(ocv_facemask)
ocv_video(ocv_knn)
ocv_video(ocv_mog2)          # 배경 추출
```

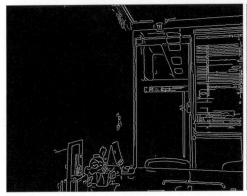

ocv_edges( ) 영상　　　　　　　　　　ocv_sketch( ) 영상

2 얼굴 인식

　　얼굴 인식 기술에는 탐지(Detection)과 인식(Identification)으로 분류하기도 하지만, 얼굴 이미지에서 특징 또는 랜드마크를 추출하여 얼굴 특징을 식별하는 방법은 동일하다. 예를 들어 얼굴 특징을 추출하기 위해 알고리즘은 눈의 모양 및 크기, 코의 크기와 눈과의 상대적 거리를 분석할 수 있다. OpenCV에서 haar feature를 사용할 수 있게 라이브러리 내에 미리 학습된 xml 파일(haar+cascade)를 포함하고 있어 함수 호출 시 사용하게 된다.

① 이미지 파일을 불러오기 위해서 'BiocManager'와 'EBImage' 패키지를 설치한다.

➥ 설치 :
```
install.packages("BiocManager")
BiocManager::install("EBImage")
```

```r
library(ggplot2)
library(EBImage)
library(opencv)
setwd("C:/RDatum")
unconf <- ocv_read('https://jeroen.github.io/images/unconf18.jpg')

ocv_write(unconf, 'test_faces.jpg')
read_unconf<- readImage('test_faces.jpg')
dim(read_unconf)[1:2]

face_images <- resize(read_unconf, dim(read_unconf)[1]/4)
display(face_images)

faces <- ocv_face(unconf)
ocv_write(faces, 'faces.jpg')

read_faces<- readImage('faces.jpg')
resize_faces <- resize(read_faces, dim(read_faces)[1]/4)
display(resize_faces)

# face mask display
facemask <- ocv_facemask(unconf)
ocv_write(facemask,'face_mask.jpg')
read_face_mask<- readImage('face_mask.jpg')
display(read_face_mask)

facemask_index<- attr(facemask, 'faces')
```

I 빅데이터 개요

II R 시작하기

III 데이터 탐색

IV 예측 선형 회귀 모델링과

V 디지털 영상 처리

VI 부록

이미지에서 인식된 위치는 facemask를 통해서 상태를 확인할 수 있다. 실제 이미지와 검출된 좌표를 [그림 V-2-1]과 같이 매칭하여 이미지의 얼굴 및 눈에 동그라미를 그려 준다.

단체 사진

얼굴 인식

[그림 V-2-1] 단체 사진 얼굴 인식

이미지에서 전체 인식된 눈과 얼굴의 순서에 따라서 특정 위치의 인식 상태를 보기 위해서는 인덱스를 지정하여 [그림 V-2-2]와 같이 검출된 이미지를 확인할 수 있다.

```
library(magick)
img <- image_read('faces.jpg')
num=10
face_det <- image_crop(img, geometry_area(x_off=facemask_index[num,]$x - facemask_
                index[num,]$radius, y_off=facemask_index[num,]$y -
                facemask_index[num,]$radius, width=facemask_
                index[num,]$radius*2, height=facemask_
                index[num,]$radius*2), repage = TRUE)


image_scale(face_det, "x100")        # 100배 확대
```

검출한 얼굴 영역의 크기가 너무 작기 때문에
스케일 함수를 사용하여 크기를 재조정하였다.

[그림 V-2-2] 특정 위치의 얼굴 검출

R에서 TensorFlow 사용

I
빅데이터 개요

II
R 시작하기

III
데이터 탐색

IV
예측 모델링과 선형 회귀

V
디지털 영상 처리

VI
부록

학습
목표

1. TensorFlow에서 지원하는 데이터 기반으로 모델링에 대한 개념에 대해 설명할 수 있다.

2. TensorFlow의 기본 설치 및 Keras에 대해서 설명할 수 있다.

3. MNIST를 이용한 이미지 분류에 대해 설명할 수 있다.

1 기본 설치

R에서 사용되는 텐서플로우(tensorflow) 패키지는 R 인터페이스를 통해서 텐서플로우의 파이썬(Python) API를 호출하는 방식으로, 파이썬을 python.org의 다운로드 페이지에서 내려받아 설치한다. 파이썬 설치 후 IDE 실행 후 정상 동작을 확인한다.

아나콘다(Anaconda)는 패키지 관리와 디플로이를 단순화할 목적으로 데이터 과학, 기계 학습 애플리케이션, 대규모 데이터 처리, 예측 분석 등을 위한 오픈소스 배포판으로 R에서 텐서플로우를 사용하기 위해서는 아나콘다를 설치해야 한다.

아나콘다 배포판 설치는 'https://www.anaconda.com/distribution'에서 다운로드하여 설치한다. 아나콘다 설치 후 Anaconda Powershell Prompt(anaconda3)를 실행 후 정상 동작을 확인한다.

[그림 V-3-1]와 같이 파이썬 버전에 대한 업그레이드(Upgrade) 후에 버전에 따라 텐서플로우 패키지를 설치하고 pip를 업그레이드해 주어야 한다.

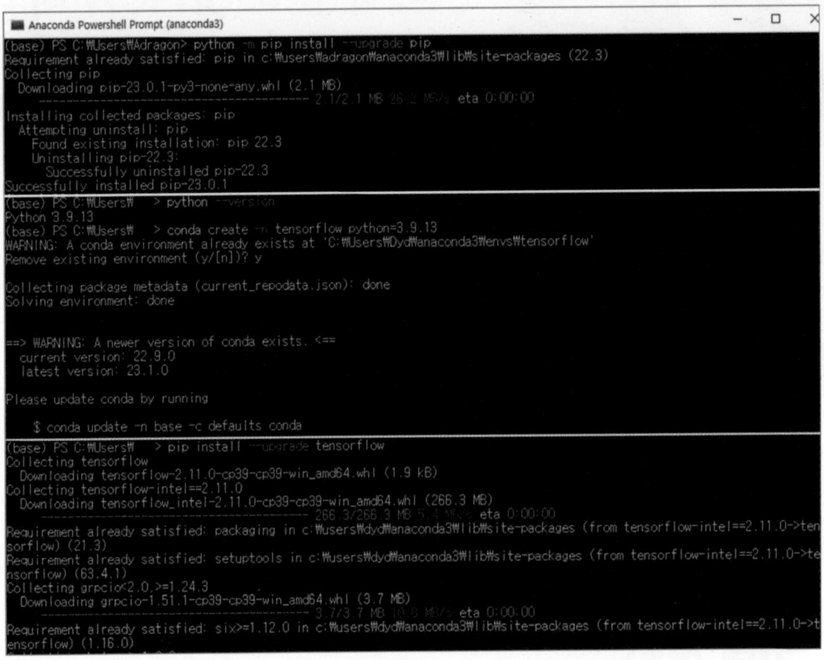

[그림 V-3-1] Anaconda Prompt 실행

① python —m pip install ——upgrade pip

② python ——version   #현재 사용되고 있는 버전 출력

③ conda create —n tensorflow python=3.x.xx   #현재 버전으로 설정

    #conda create -n kimjh python=3.x.xx   #현재 버전으로 설정

④ pip install ——upgrade tensorflow

아나콘다 설치 완료 후 R에서는 텐서플로우 라이브러리 패키지를 불러온다. [그림 V-3-1]과 같이 아나콘다 환경에서 텐서플로우를 사용할 경우 지정해 준다.

R 코드 형태로 파이썬을 사용하기 위해서 reticulate 패키지를 설치한다.

➥ 설치 : install.packages("reticulate")

파이썬 환경을 확인하기 위해서는 py_config( ) 함수를 실행시켜 파이썬 경로 설정에 대해서 확인해야 한다.

```
install.packages("tensorflow")
library(reticulate)
library(tensorflow)
use_condaenv("tensorflow")
install_tensorflow()
reticulate::py_config()
tf$constant("Hello Tensorflow!")
> tf.Tensor(b'Hello Tensorflow!', shape=(), dtype=string)
```

출력창에 'Hello Tensorflow'가 나타나면 텐서플로우가 정상적으로 동작하는지 확인한다. 케라스(Keras)는 오픈소스 신경망 라이브러리로 딥러닝을 쉽게 구현할 수 있는 상위 레벨의 인터페이스이다.

케라스를 사용하기 위해 패키지를 설치한다.

➥ 설치 : install.packages("keras")

케라스의 패키지를 불러온 후 엠니스트(MNIST, Modified National Institute of Standards and Technology database) 데이터베이스에서 패션에 대한 데이터를 가져오는 것으로 정상 동작을 확인하다.

```
library(reticulate)
library(keras)
install_keras()
```

I
빅데이터 개요

II
R 시작하기

III
데이터 탐색

IV
예측 선형 회귀
모델링과

V
디지털 영상 처리

VI
부록

```
reticulate::py_config()
fashion_mnist <- dataset_fashion_mnist()
```

keras datasets 모듈에는 여러 데이터 세트를 포함하며 boston_housing, cifar10, cifar100, fashion_mnist, imdb, mnist, reuters 등이 있다.

> **TIP**
>
> 설치 시 파이썬에 대한 경로 오류가 발생하게 되면,
> use_python("파이썬 설치 경로", required = True or False)로 설정하여 실행함.

2 MNIST 정보 기반 학습을 이용한 이미지 분류

Fashion MNIST 데이터 세트는 [그림 V-3-2]와 같이 운동화, 셔츠, 샌들 등과 같은 10개 카테고리의 70,000개의 이미지의 모음이며, 28×28 픽셀의 바운딩 박스와 앤티엘리어싱 처리되어 그레이스케일 레벨이 들어가 있다.

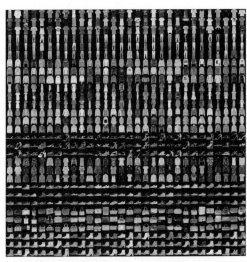

[그림 V-3-2] dataset_fashion_mnist( )의 이미지 데이터 세트

Fashion MNIST 데이터베이스에서는 train_images와 train_labels은 60,000개의 트레이닝 이미지, test_images와 test_labels은 10,000개의 테스트 이미지를 포함하고 있다.

```
fashion_mnist <- dataset_fashion_mnist()   # Fashion MNIST 데이터 세트 임포트

c(train_images, train_labels) %<-% fashion_mnist$train
c(test_images, test_labels) %<-% fashion_mnist$test
class_names = c('T-shirt/top', 'Trouser', 'Pullover', 'Dress', 'Coat', 'Sandal',
                'Shirt', 'Sneaker', 'Bag', 'Ankle boot')
dim(train_images)
dim(train_labels)
train_labels[1:20]
dim(test_images)
dim(test_labels)
```

train_images는 0에서 255 사이의 값을 갖는 28x28 크기의 배열이고, train_labels는 0에서 9까지의 정숫값을 갖는 배열이다.

0에서 9까지의 정숫값은 이미지(옷)의 클래스를 나타내는 레이블이며, 각각의 레이블과 클래스는 [0: T-shirt/top, 1: Trouser, 2: Pullover, 3: Dress, 4: Coat, 5: Sandal, 6: Shirt, 7: Sneaker, 8: Bag, 9: Ankel boot] 이다.

```
install.packages("tidyr")
library(tidyr)
library(ggplot2)
#
image_num=2            # 샘플 Number
image_check <- as.data.frame(train_images[image_num, , ])
colnames(image_check) <- seq_len(ncol(image_check))
image_check$y <- seq_len(nrow(image_check))
image_check <- gather(image_check, "x", "value", -y)
image_check$x <- as.integer(image_check$x)
```

```
ggplot(image_check, aes(x = x, y = y, fill = value)) +
  geom_tile() +
  scale_fill_gradient(low = "blue", high = "green", na.value = NA) +
  scale_y_reverse() +
  theme_minimal() +
  theme(panel.grid = element_blank())   +
  theme(aspect.ratio = 1) +
  xlab("") +
  ylab("")
```

트레이닝 세트의 첫 번째와 두 번째 이미지를 검사하면 픽셀값이 0에서 255 사이에 있음을 [그림 V-3-3]와 같이 볼 수 있다.

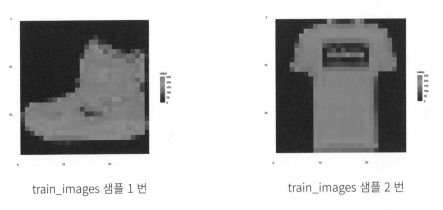

train_images 샘플 1 번   train_images 샘플 2 번

[그림 V-3-3] Train images

데이터 전처리로 트레이닝, 테스트 데이터는 0~255 사이의 값이므로 딥러닝 모델에 적용하기 전에 이 값을 0에서 1 사이의 범위로 확장하기 위해서 255로 나눈다.

```
train_images <- train_images / 255      # 데이터 전처리
test_images <- test_images / 255
par(mfcol=c(5,5))
```

```
par(mar=c(0, 0, 1.5, 0), xaxs='i', yaxs='i')
for (i in 1:25) {
  img <- train_images[i, , ]
  img <- t(apply(img, 2, rev))
  image(1:28, 1:28, img, col = gray((255:0)/255), xaxt = 'n', yaxt = 'n',
        main = paste(class_names[train_labels[i] + 1]))
}
```

트레이닝 세트의 25개 이미지를 표시하고 각 이미지 아래에 클래스 이름을 표시하며, 데이터가 올바른 형식인지 확인하면 트레이닝할 준비가 되었다.

[그림 V-3-4] 트레이닝 세트의 25개 이미지

신경망 모델을 순서대로 구성하기 위해서 Sequential( ) 클래스를 이용하며, keras_model_sequential( ) 함수는 [그림 V-3-5]와 같이 입력 데이터를 1차원으로 변환한다. 네트워크의 첫 번째 레이어인 layer_flatten은 2차원 배열에서 28×28 = 784픽셀의 1차원 배열로 이미지 형식을 변환한다. 레이어의 이미지에서 픽셀 행의 스택을 풀고 정렬하는 것으로 레이어에는 학습할 매개변수가 없으므로, 픽셀이 병합된 후 네트워크는 두 개의 조밀한 레이어 시퀀스로 구성되며, 조밀하게 연결되거나 완전히 연결된 신경층이 된다. 첫 번째 조밀한 계층에는 128개의 노드가 있으며, 두 번째 레이어 이후로는 10노드 소프트맥스 레이어로 합이 1이 되는 10개 확률 점수의 배열을 반환한다. 각 노드에는 현재 이미지가 10개 숫자 클래스 중 하나에 속할 확률을 나타내는 점수가 포함되어 있다.

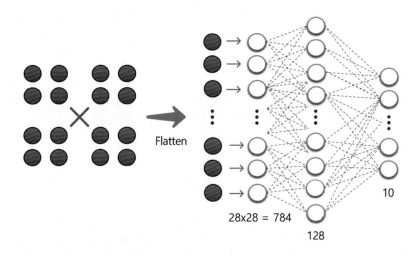

[그림 V-3-5] Flatten 클래스 구조

summary(model) 함수를 통해서 레이어(유형), 출력 모양 등에 대한 레이어 구성을 확인할 수 있다.

compile( ) 메서드를 이용해서 모델을 훈련하는 데 사용할 옵티마이저, 손실 함수, 지표를 설정한다.

- 손실 함수(loss function)는 훈련 과정에서 모델의 오차를 측정하는데 사용된다.
- 옵티마이저(optimizer)는 데이터와 손실 함수를 바탕으로 모델(의 웨이트와 바이어스)을 업데이트하는 방식이다.

- 지표(metrics)는 훈련과 테스트 단계를 평가하기 위해 사용된다.
- 'accuracy'로 설정하면, 이미지를 올바르게 분류한 비율로 모델을 평가한다.

fit( ) 함수에서는 메서드 훈련에 사용할 이미지 데이터와 레이블을 입력해 주며, 에포크(epochs)는 60,000개의 전체 이미지를 25회 학습으로 설정한다.

```r
model <- keras_model_sequential()                              #모델 구성
model %>%
  layer_flatten(input_shape = c(28, 28)) %>%
  layer_dense(units = 128, activation = 'relu') %>%
  layer_dense(units = 10, activation = 'softmax')

model %>% compile(   # 모델 컴파일
  optimizer = 'adam',
  loss = 'sparse_categorical_crossentropy',
  metrics = c('accuracy')
)
model %>% fit(train_images, train_labels, epochs = 25, verbose = 0.2) # 모델 훈련
score <- model %>% evaluate(test_images, test_labels, verbose = 0)     # 정확도 평가하기
cat('Test loss:', score["loss"], "\n")
cat('Test accuracy:', score["accuracy"], "\n")
predictions <- model %>% predict(test_images)                  # 예측하기
predictions[1, ]
which.max(predictions[1, ])
test_labels[1]
```

신경망 모델을 학습하기 위해서 트레이닝 데이터를 기반으로 모델을 이미지와 레이블을 커넥션하는 방법과 학습한 모델을 이용하여 테스트 세트에 대한 예측을 통해서 test_labels 배열의 레이블과 일치하는지 확인한다.

I 빅데이터 개요

II R 시작하기

III 데이터 탐색

IV 예측 선형 회귀 모델링과

V 디지털 영상 처리

VI 부록

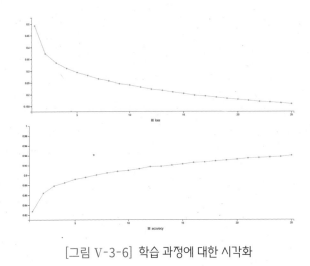

[그림 V-3-6] 학습 과정에 대한 시각화

테스트 데이터 세트의 정확도는 훈련 데이터 세트의 정확도보다 약간 낮으며, 훈련 정확도와 테스트 정확도 사이의 이러한 차이는 과적합(overfitting)이 발생한 것이다. 과적합(overfitting)은 머신러닝 모델이 트레이닝 데이터보다 새로운 데이터에서 더 나쁜 성능을 보이는 경우이다. 또한, 신경망이 트레이닝 데이터에만 지나치게 최적화된 상태를 나타나며, 훈련 데이터에만 지나치게 맞춰지면 그 외의 데이터에 제대로 대응하지 못해 범용 성능이 떨어지는 현상이다.

```r
par(mfcol=c(5,5))
par(mar=c(0, 0, 1.5, 0), xaxs='i', yaxs='i')
for (i in 1:25) {
  img <- test_images[i, , ]
  img <- t(apply(img, 2, rev))
  # subtract 1 as labels go from 0 to 9
  predicted_label <- which.max(predictions[i, ]) - 1
  true_label <- test_labels[i]
  if (predicted_label == true_label) {
    color <- '#008800'
  } else {
    color <- '#bb0000'
  }
```

```
    image(1:28, 1:28, img, col = gray((255:0)/255), xaxt = 'n', yaxt = 'n',
        main = paste0(class_names[predicted_label + 1], " (",
                      class_names[true_label + 1], ")"),
        col.main = color)
}


# 테스트 데이터 세트에서 이미지 예측하기
img <- test_images[1, , , drop = FALSE]
dim(img)


predictions <- model %>% predict(img)
predictions


prediction <- predictions[1, ] - 1
which.max(prediction)
```

예측은 10개의 숫자로 구성된 배열로 이미지가 10가지 다른 의류 품목 각각에 해당하는 모델의 'confidence'을 나타낸다. 가장 높은 신뢰도 값을 가진 레이블을 확인할 수 있다.

레이블이 0부터 시작하므로 이것은 실제로 예측 레이블 9를 의미하며, 선택된 모델의 이미지가 앵클 부츠라고 가장 확신한다.

[그림 V-3-7] 예측과 함께 여러 이미지

예측과 함께 여러 이미지를 플롯해 보면, 올바른 예측 레이블은 녹색이고 잘못된 예측 레이블은 빨간색으로 나타난다. 예측은 데이터 배치의 각 이미지에 대해 하나씩 목록을 반환하면, 배치에서 이미지에 대한 예측을 확인할 수 있다.

뉴런 노드의 개수가 증가하면 훈련 과정에서 손실값이 감소하고 테스트 정확도는 증가하는 경향이 있으나, 계산과 최적화를 필요로 하는 파라미터의 숫자가 증가하여 트레이닝 시간이 증가한다.

노드의 수를 512개와 1,024개로 수정하여 각각 실행해 보았을 경우 Fashion MNIST 분류 문제는 단순하기 때문에 손실과 정확도의 증가가 크지 않다. 그러므로 문제에 맞게 적절한 개수의 뉴런을 사용하면서 짧은 훈련 시간 동안 높은 정확도를 얻는 것이 좋다.

01. 디지털 영상 처리에 대해 설명하시오.

02. 디지털 영상 처리에 해당하지 않는 것은 ?

① 영상 개선   ② 영상 복원

③ 영상 속도   ④ 영상 분석

03. 이미지의 경계를 선명하고 뚜렷하게 만드는 작업을 무엇이라고 하나요 ?

① 포인터(Pointer)   ② 소프트(Soft)

③ 디텍션(Detection)   ④ 샤프닝(Sharpening)

04. 머신러닝에서 과적합(overfitting)에 대해 설명하시오.

05. 아이리스 버시컬러에서 꽃잎의 색상만을 영역을 설정하여 출력해 보시오.

06. 아이리스 버시컬러에서 꽃잎에 대해서 케니 에지를 적용하여 윤곽선을 출력해 보시오

07. 패션 이미지 분류에서 잘못 예측된 레이블에 대해서 13번, 18번에 대한 이미지와 레이블을 각각 나타내 보시오.

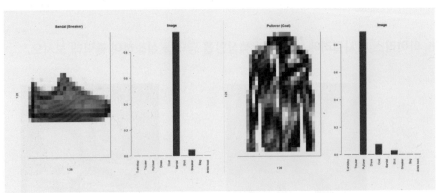

08. 1에서 100까지의 입력 데이터가 있고, 출력값도 1에서부터 100까지의 데이터 세트를 만들어 텐서플로우의 선형희귀 예측 모델 기반으로 예측하기 위해 빈칸을 채워 보도록 하시오.

```
library(reticulate)
library(tensorflow)
use_condaenv("tensorflow")
reticulate::py_config()
library(reticulate)
library(keras)

x_train = ┌──────┐   # 1에서부터 100까지 입력
y_train = └──────┘   # 1에서부터 100까지 입력


model = keras_model_sequential() %>%
   layer_dense(units=8, activation="relu", input_shape=1, name = "layer1") %>% # 데이터
      신경망에 units은 뉴런의 개수, activation은 활성화 함수, input_shape은 입력층
   layer_dense(units=8, activation = "relu", name = "layer2") %>% # 은닉층의 활성화 함수로
      '렐루(LeRU)' 함수
   layer_dense(units=1, activation="linear", name = "layer3") # 출력층에서는 분류에 유리한
      '소프트맥스(Softmax)' 함수
# 모델을 학습시킬 최적화 방법, Loss 계산 방법, 평가 방법에 대한 컴파일 설정
model %>% compile(
   loss = "mse",           # 손실(loss) 함수는 최솟값일수록 좋다.
   optimizer = "adam",   # 손실함수의 값을 최적화 설정
   metrics = list("mean_absolute_error") # 측정 기준은 훈련 및 시험하는
                                         동안 모델 평가항목 정의하여
)
model %>% ┌──────┐   # 모델 요약 정보 출력

history = fit(model, x_train, y_train, epochs = ┌──┐, batch_size = 128,
validation_split = 0.2)
plot(history)        # 100회 학습으로 설정
```

```
y_pred = model %>% predict(x_train)

x_axes = seq(1:length(y_pred))
plot(x_axes, y_train, type="l", col="red")
lines(x_axes, y_pred, col="blue")
legend("topleft", legend=c("y-original", "y-predicted"),
       col=c("red", "blue"), lty=1,cex=0.8)
```

09. 사인파형을 기반한 데이터 세트를 만들어 텐서플로우의 선형회귀 예측 모델 기반
    으로 예측해 보도록 하시오.

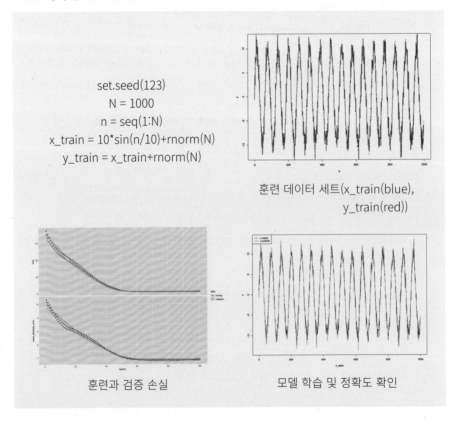

VI

부록

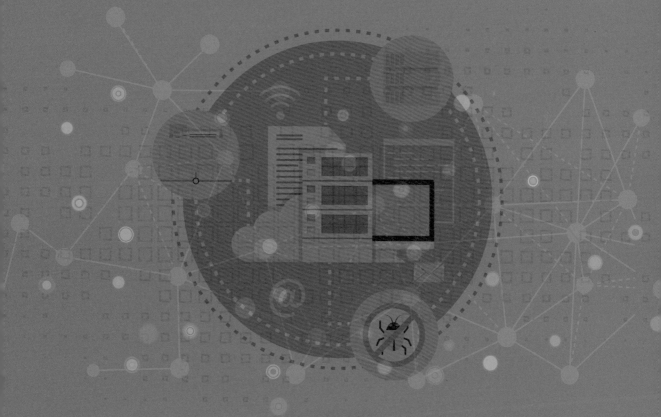

1 R 설치

1) R을 사용하려면 먼저 공식 웹사이트(https://www.r-project.org/)에서 R을 다운로드 하고 설치해야 한다.

R 다운로드 [Download] 항목의 [CRAN]을 클릭 → [Korea] 항목의 링크 → [Download R for Windows]를 클릭

2) R-x.x-win.exe 파일 실행 → [한국어]를 선택 → [확인] 버튼을 클릭 → 설치 할 위치 선택에서 경로를 선택한 후 [다음] 버튼을 클릭

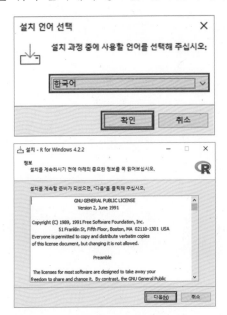
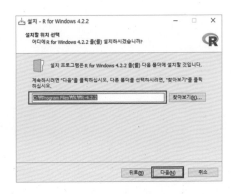

3) 구성 요소 설치에서 필요한 항목을 체크하고 [다음] 버튼을 클릭 → 스타트업 옵션에서 [No]를 선택하고 [다음] 버튼을 클릭

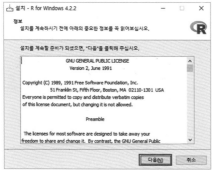
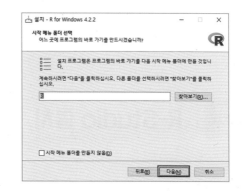

4) 설치 완료 창이 열리면 [완료] 버튼을 클릭

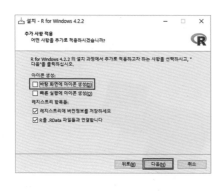
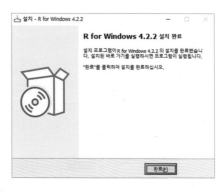

I 빅 데 이 터 개 요

II R 시 작 하 기

III 데 이 터 탐 색

IV 모 델 링 과 예 측 선 형 회 귀

V 디 지 털 영 상 처 리

VI 부 록

5) 설치가 완료되면 윈도우 시작 메뉴에서 R을 클릭하여 정상적으로 실행되는지 확인한다.

2 R-Studio 설치

1) R 스튜디오(RStudio) : R을 편리하게 사용할 수 있도록 돕는 통합 개발 환경 소프트웨어이며, R 스튜디오 공식 웹사이트(https://www.rstudio.com/ or https://posit.co/)에서 R 스튜디오를 다운로드하고 설치해야 한다.

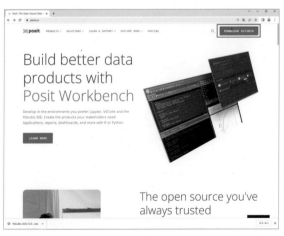

2) [DOWNLOAD RSTUDIO]를 클릭 → [DOWNLOAD RSTUDIO DESKTOP
FOR WINDOWS]를 클릭

 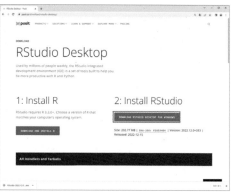

3) RStudio-x.x.x.exe 설치 파일을 더블클릭 → [다음] 버튼을 클릭 → 경로 설정 후
다음 선택 → 시작 메뉴 폴더 선택 → 설치 클릭

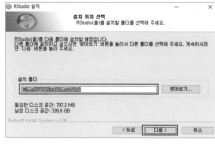 

I 빅데이터 개요

II R 시작하기

III 데이터 탐색

IV 예측 선형 회귀 모델링과

V 디지털 영상 처리

VI 부록

4) 설치 중 → 설치 완료

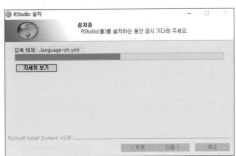

5) 윈도우 시작 메뉴에서 R 스튜디오를 클릭

3 기타 명령어

1) R session restart

   command/ctrl + shift + F10

   .rs.restartR()

2) R session clear

   concole -> CTRL + L

3) 단축키 설정

   Tools -> Keyboard Shortcut help

   alt+shift+k

I 빅데이터 개요

II R 시작하기

III 데이터 탐색

IV 예측 선형 모델링과 회귀

V 디지털 영상 처리

VI 부록

4 MariaDB 설치

1) MariaDB을 사용하려면 먼저 공식 웹사이트(https://mariadb.org/)에서 접속 후 다운로드 탭을 선택한다.

2) MariaDB 서버 버전, OS, 시스템 종류, 패키지 설정 후 다운로드한다.

[MariaDB Server 10.10.3]을 선택 → [Windows]를 선택 → [x86_64]를 선택 → [MSI Package]를 선택 → [Download]를 선택

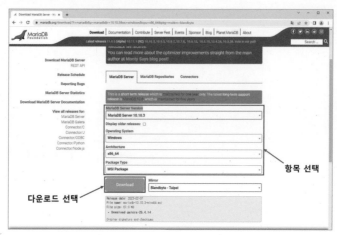

3) MariaDB—xx—win64.msi 파일 실행 → next 선택 → 라이센스 동의 체크 →
   next 선택

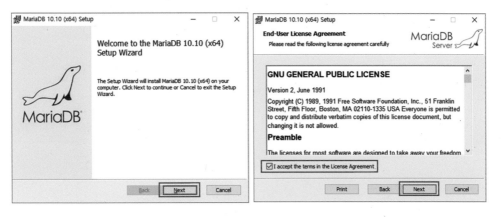

4) 설치 경로 설정 → next 선택

5) 사용자 환경 설정 → root 계정에 대
   한 비밀번호 설정 → utf8을 기본 서
   버의 문자 집합으로 사용 체크

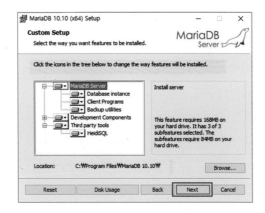

6) 데이터베이스 설정→ 서버스명, 포트
번호, 버퍼 사이즈 기본으로 설정

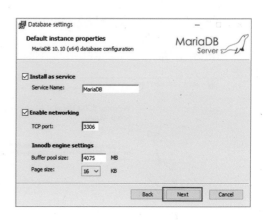

7) 설치 → 완료

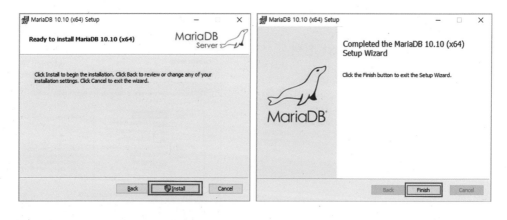

8) GUI를 이용하여 MariaDB 접속 → HediSQL 아이콘 실행 → 설치할 때 설정
한 암호 입력

HediSQL 아이콘

9) MySQL Client 접속 완료

10) 데이터베이스 생성

[Unnamed] 선택 → 오른쪽 마우스 클릭 → 새로 생성 선택 → 데이터베이스 선택

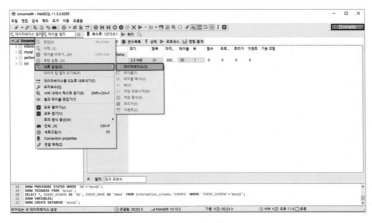

11) 데이터베이스 생성에서 이름 작성 → 확인 선택 → 'cnc' 생성 확인

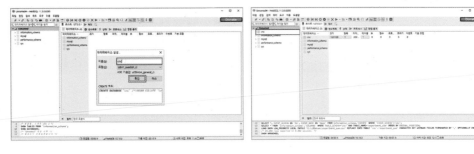

I 빅 데 이 터 개 요

II R 시 작 하 기

III 데 이 터 탐 색

IV 예 측 모 델 링 과 선 형 회 귀

V 디 지 털 영 상 처 리

VI 부 록

12) csv 파일 또는 단락 파일 가져오기 선택 → 파일 경로 선택 및 인고팅 선택 →
제어 문자에서 필드 종결자 수정 → 목적지에서 데이터베이스 'cnc' 선택 후 테
이블에서 〈새 테이블〉 선택

13) csv 레이아웃 감지 테이블 목록 확인 → 'VARCHAR(20)'으로 수정 → 테이블
생성 → 테이블 생성 목록 확인 후 가져오기 선택

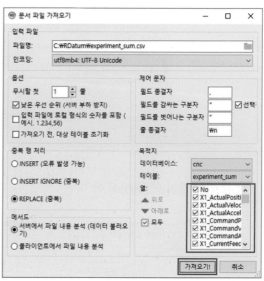

14) 'cnc' 데이터베이스에 csv 파일의 데이터가 'experiment_sum' 테이블로 생성된 것을 확인할 수 있다.

15) 'process' 데이터베이스도 csv 파일의 데이터를 'process_data' 테이블을 위와 동일하게 생성한다.

5 R에서 챗GPT 사용하기

챗GPT(Chat + Generative Pre-trained Transformer)은 OpenAI가 개발한 프로토타입 대화형 인공지능 챗봇으로 대화형 시스템과 같은 사용자와 주고받는 대화에서 질문에 답하도록 설계된 언어 모델이다. 챗GPT는 대형 언어 모델 GPT-3을 기반으로 개선판인 GPT-3.5(출시, 2022.11.30)가 만들어졌으며, 3,000억 개가 넘는 문장 토큰(문장을 형성하는 단어나 부호)를 조합해 질문에 가장 어울리는 대답을 할 수 있도록 지도학습과 강화학습 등을 통해서 파인 튜닝되었다. 대화 로그 및 기타 대화 텍스트의 방대한 데이터 세트에 대해 훈련되었으며, 인간이 대화에서 응답하는 방식과 유사한 방식으로 사용자 입력에 대한 응답을 생성할 수 있다.

GPT-4(출시, 2023.03.13)에서는 멀티 모달(multimodal) 기능으로 이미지를 인식하고 해당 이미지에 관한 텍스트 정보를 생성할 수 있다. 또한, 표면적인 부분 외에 속뜻을 읽어야 하는 밈 이미지도 이해할 수 있으며, 더욱 정교한 언어 이해와 처리 능력으로 GPT-3.5에서는 한 번에 영어 기준 3,000개 정도 단어를 처리 수 있었다면, GPT-4는 25,000개까지 가능하다. 기억력 (저장 능력)도 좋아져 GPT-3.5에서 약 8,000개 단어(책 4~5페이지, 토큰 4,096개)를 기억해 대화를 나눴다면, GPT-4는 그 8배인 단편 소설 분량에 버금가는 64,000개 단어(책 50페이지, 토큰 32,768개) 까지 기억할 수 있다. 게다가 한국어를 포함한 총 24개 언어 이해 성능이 GPT-3.5의 영어 이해 성능 70.1% 보다 더 좋아졌다. 이러한 GPT의 주요 특징 중 하나는 대화의 맥락과 일관성을 유지하는 능력이며, 대화의 역사를 추적하고 이전의 교류와 적절하고 관련성 있는 반응을 생성할 수 있다. 또한, 다양한 주제와 언어를 처리할 수 있으며, 여러 언어로 응답을 생성할 수 있다. 일반적인 독립형 챗봇이 아니라 대화 시스템에서 구성 요소로 활용할 수 있는 언어 모델이다. 특정 작업이나 도메인에 맞게 미세 조정할 수 있으며, 자연어 이해(NLU) 및 대화 관리와 같은 다른 구성 요서와 통합되어 챗봇 또는 대화 시스템을 만들 수 있다.

(1) 챗GPT의 장점

① 효율적인 응답 생성 : 챗GPT은 응답을 빠르게 생성할 수 있으므로 빠른 응답 시간이 필요한 챗봇 및 대화 시스템에서 사용하기에 적합하다.

② 광범위한 주제를 처리할 수 있는 능력 : 대화형 텍스트의 크고 다양한 데이터 세트에 대해 교육을 받았기 때문에 광범위한 주제와 언어를 처리할 수 있다.

③ 맥락과 일관성 유지 : 챗GPT는 대화의 기록을 추적하고 이전 교환과 적절하고 관련된 응답을 생성할 수 있으므로 대화의 흐름과 일관성을 유지할 수 있다.

④ 전문적인 작업에 대해 미세 조정 가능 : 특정 작업 또는 도메인에 대해 미세 조정할 수 있으므로 전문적인 사용 사례에 대해 더 적절하고 정확한 응답을 생성할 수 있다.

⑤ 다른 구성 요소와 통합 가능 : 자연어 이해(NLU) 및 대화 관리와 같은 다른 성 요소와 통합되어 챗봇 또는 대화 시스템을 생성할 수 있으며, 이를 통해 특정 요구 사항과 요구 사항에 맞는 챗봇 또는 대화 시스템을 구축할 수 있다.

(2) 챗GPT의 단점

① 데이터 편향 : 모든 언어 모델과 마찬가지로 훈련된 데이터 기반이므로 다양한 데이터가 수집이 필요하다. 교육 데이터에 편견 또는 고정관념이 포함되어 있는 경우, 편향적인 응답이 반영된다. 또한, 할루시네이션(Hallucination, 환각)과 같이 인공지능이 오류가 있는 데이터를 학습해 틀린 답변을 맞는 말처럼 제시하기도 하며, 모델에 의도하지 않은 편향이 유입되지 않도록 훈련 데이터를 주의 깊게 큐레이션 하는 것이 중요하다.

② 상식의 결여 : 언어 모델은 실제 지식이나 세계에 대한 이해에 접근할 수 없기 때문에 일반적인 상식, 윤리관, 물리적 세계 등에 대한 복잡한 질문에 대한 답변이 어려움이 있다.

③ 패턴에 대한 과도한 의존 : 언어 모델은 데이터의 패턴을 탐지하는 데 매우 능숙하지만, 패턴에 대한 과도한 의존과 생성된 응답의 독창성 또는 창의성 부족으로 예측 불가능한 질문에 대해서는 답변에 어려움이 있다.

④ 제한된 콘텐츠 : 단일 대화 내에서 맥락과 일관성을 유지할 수 있지만, 대화 외부의 정보에 접근 또는 knowledge cutoff 일자 기준로 인하여 정확한 정보에 대한 답변을 제공하지 못할 수 있다.

⑤ 개인화 부족 : 대화 상태의 특성이나 선호도에 따라 응답을 개인화할 수 있는 기능이 없으며, 훈련 데이터에서 학습한 패턴을 기반으로 응답을 생성하므로 개인차에 따라 응답을 조정할 수 있는 기능이 없다.

(3) 챗GPT를 응용 가능한 경우

① 고객 서비스 챗봇 : 고객 문의를 처리하고, 정보를 제공하고, 문제를 해결하는 데 도움이 되는 챗봇을 구축하는 데 사용할 수 있다.

② 개인 비서 : 사용자가 일정 예약, 미리 알림 설정 및 질문에 답하는 것과 같은 작업을 도와줄 수 있는 개인비서를 구축할 수 있다.

③ 소셜 미디어 봇 : 댓글 및 메시지에 응답하거나 소셜 미디어 피드용 콘텐츠를 생성하는 등 소셜 미디어 플랫폼에서 사용자와 소통할 수 있는 챗봇을 구축하는 데 사용할 수 있다.

I 빅데이터 개요

II R 시작하기

III 데이터 탐색

IV 예측 선형 모델링과 회귀

V 디지털 영상 처리

VI 부록

④ 언어 번역 : 서로 다른 언어 간의 대화를 실시간으로 번역할 수 있는 챗봇을 구축하는 데 사용할 수 있다.

⑤ 교육용 챗봇 : 질문에 답하고 설명을 제공함으로써 학생들이 새로운 과목이나 기술을 배우는 데 도움이 되는 챗봇을 구축하는 데 사용할 수 있다.

⑥ 건강 챗봇 : 건강 상태 및 치료에 대한 정보를 제공하거나 사용자가 자신의 건강 및 피트니스 목표를 추적하는 데 도움이 되는 챗봇을 구축하는 데 사용할 수 있다.

(4) 챗GPT 사용하기

① 챗GPT을 사용하려면 먼저 공식 웹사이트(https://openai.com)에서 API 선택한 다음 회원 가입을 선택한다.

② 챗GPT의 Open API를 사용하려면 프로필 아이콘을 클릭하면 View API keys 항목을 선택하면 인증에 필요한 API 키를 생성할 수 있게 Greate new secret를 선택하여 무료 또는 유로를 key를 발급받는다.

③ R에서 발급받은 key를 설정해야 하기
때문에 복사하여 관리해야 한다(가입일
로부터 3개월 동안 크레딧은 5달러 지급).

I 빅 데 이 터 개 요

II R 시 작 하 기

III 데 이 터 탐 색

IV 예 측 모 델 링 과 선 형 회 귀

V 디 지 털 영 상 처 리

VI 부 록

R에서 챗GPT를 사용하기 위해서 라이브러리 패키지를 설치 후 불러온다. 발급받은
Open API key를 입력하여 실행하면 실제 세션에 대해서만 수행할 수 있다.

➡ 설치 : install.packages("chatgpt")

```
library("chatgpt")
Sys.setenv(OPENAI_API_KEY = "sk-xxxxxxxxxxxxxxxxxxxxxxxxxxxxxxxxx"
```

R 패키지에서 챗GPT를 지원하는 일련의 기능은 다음과 같다.

● Ask ChatGPT : 챗GPT로 양방향 채팅 세션을 연결한다.

```
> cat(ask_chatgpt("R 언어에 대해 어떻게 생각하세요?"))
*** ChatGPT input:

R 언어에 대해 어떻게 생각하세요?

R 언어는 통계분석과 데이터 과학 분야에서 널리 사용되는 언어로, 다양한 기능을 가
지고 있습니다. 강력한 기능을 지원하는 다양한 라이브러리를 통해 데이터 분석이나
머신러닝 작업을 간단하게 할 수 있고, 여러 가지
```

GPT3.5에서는 한글로 질문하는 것보다는 영문으로 하는 것이 답변을 보다 상세하게
표현하는 것을 볼 수 있다(GPT4.0에서는 개선됨).

```
> cat(ask_chatgpt("What do you think about R language?"))
*** ChatGPT input:

What do you think about R language?

R is a powerful programming language for statistical computing and graphics. It is
widely used among statisticians and data miners for developing statistical software
and data analysis. R provides a wide variety of statistical and graphical
```

> techniques and is highly extensible. It has an active community of users and developers and is constantly evolving. R is a great tool for data analysis and visualization, and is well suited for use in a variety of research areas.

● Comment selected code : 선택한 코드를 주석 처리한다.

```
> cat(comment_code("for (i in 1:10) {\n  print(i ** 2)\n}"))
*** ChatGPT input:
Add inline comments to the following R code: "for (i in 1:10) {
  print(i ** 2)
}"
# loop through values 1 to 10
for (i in 1:10) {      # loop starts here
  print(i ** 2)        # print the square of the current value of i
}                      # loop ends here
```

● Create unit tests : 선택한 코드에 대해 단위 테스트를 수행하는 테스트 만든다.

```
> cat(create_unit_tests("squared_numbers <- function(numbers) {\n  numbers ^ 2\n}"))
*** ChatGPT input:
Create a full testthat file, with test cases for the following R code: "squared_
numbers <- function(numbers) {
  numbers ^ 2
}"
# testthat file
library(testthat)
context("Test squared numbers function")
#test that squared numbers gives correct output
test_that("squared numbers gives correct output", {
  numbers = c(2,3,4)
  expect_equal(squared_numbers(numbers), c(4,9,16))
})
#test that squared numbers gives correct output with negative numbers
test_that("squared numbers gives correct output with negative numbers", {
  numbers = c(2,-3,4)
  expect_equal(squared_numbers(numbers), c(4,9,16))
```

```
  })
  #test that squared numbers gives correct output with decimal numbers
  test_that("squared numbers gives correct output with decimal numbers", {
    numbers = c(2.5,3.5,4.5)
    expect_equal(squared_numbers(numbers), c(6.25,12.25,20.25))
  })
```

- Create variable name : 코드의 결과가 할당될 변수의 이름을 만든다.

```
> cat(create_variable_name("sapply(1:10, function(i) i ** 2)"))
*** ChatGPT input:
Give a good variable name to the result of the following R code: "sapply(1:10, function(i) i ** 2)"
squared_values
```

- Document code(in roxygen2 format) : 함수 정의를 roxygen2 형식으로 문서화한다.

```
> cat(document_code("square_numbers <- function(numbers) numbers ** 2"))
*** ChatGPT input:
Document, in roxygen2 format, this R function: "square_numbers <- function(numbers)
numbers ** 2"
#' Squares a Vector of Numbers
#' @param numbers A numeric vector
#' @return A numeric vector the same length as \code{numbers} where each
    value is the square of the corresponding element in \code{numbers}
#' @examples
#' square_numbers(1:4)
#' @export
square_numbers <- function(numbers) numbers ** 2
```

- Explain selected code : 선택한 코드 설명한다.

```
> cat(explain_code("for (i in 1:10) {\n  print(i ** 2)\n}"))
*** ChatGPT input:
Explain the following R code: "for (i in 1:10) {
  print(i ** 2)
}"
```

> This code is using a "for loop" to iterate through the numbers 1-10, and for each of those numbers it is printing out the value of i squared. The "for loop" is using the "in" operator to initiate the loop, and the sequence of numbers 1-10 is created using the "1:10" syntax. For each iteration of the loop, the value of i is squared, and then printed out.

- Find issues in the selected code : 선택한 코드에서 문제 찾는다.

```
> cat(find_issues_in_code("i <- 0\n while (i < 0) {\n  i <- i - 1 \n}"))
*** ChatGPT input:
Find issues or bugs in the following R code: "i <- 0
 while (i < 0) {
  i <- i - 1
}"
This code will not run, as the while loop condition is false (i is not less than
0). The code should be changed to "while (i > 0) { i <- i - 1 }"
```

- Optimize selected code : 선택한 코드를 최적화한다.

```
> cat(optimize_code("i <- 10\n while (i > 0) {\n  i <- i - 1\n  print(i) \n}"))
*** ChatGPT input:
Optimize the following R code: "i <- 10
 while (i > 0) {
  i <- i - 1
  print(i)
}"
i <- 10
for (i in seq(from = 10, to = 0, by = -1)) {
    print(i)
}
```

- Refactor selected code : 선택한 코드 리팩터링한다.

```
> cat(refactor_code("i <- 10\nwhile (i > 0) {\n  i <- i - 1\n  print(i)\n}"))
*** ChatGPT input:
Refactor the following R code, returning valid R code: "i <- 10
```

```
while (i > 0) {
  i <- i - 1
  print(i)
}"
for (i in 10:1) {
  print(i)
}
```

● 챗GPT의 실행 결과를 txt 파일로 저장한다.

```
> setwd("c:/RDatum")
> sink('chatgpt_data.txt', append=T)
> cat(ask_chatgpt("빅데이터에 대해서 설명해 주세요."))
> sink()
```

● 챗GPT에게 타이타닉 생존 데이터 세트에 대한 분석을 R 언어로 작성하도록 질문해 보도록 한다.

```
> cat(ask_chatgpt("Create a sample titanic survival dataset and write base R
  code to analyze it."))
```
*** ChatGPT input:

Create a sample titanic survival dataset and write base R code to analyze it.

Sure! Let's create a sample Titanic survival dataset and write some base R code to analyze it.

First, let's create a dataset with the following variables:

- PassengerID: unique identifier for each passenger

- Survived: binary variable indicating whether the passenger survived or not (0 = not survived, 1 = survived)

- Pclass: passenger class (1 = first class, 2 = second class, 3 = third class)

- Sex: gender of the passenger

- Age: age of the passenger

- Fare: fare paid by the passenger

- Embarked: port of embarkation (C = Cherbourg, Q = Queenstown, S = Southampton)

We can generate some random data for demonstration purposes. Here's an example code to create the dataset:

Ⅰ 빅데이터 개요

Ⅱ R 시작하기

Ⅲ 데이터 탐색

Ⅳ 예측 선형 모델링과 회귀

Ⅴ 디지털 영상 처리

Ⅵ 부록

```R
# Set the seed for reproducibility
  set.seed(123)
# Generate passenger IDs
  passenger_ids <- seq(1, 1000)
# Generate survival variable
  survived <- sample(c(0, 1), size = 1000, replace = TRUE, prob = c(0.6, 0.4))
# Generate passenger class variable
  pclass <- sample(1:3, size = 1000, replace =TRUE, prob = c(0.3, 0.4, 0.3))
# Generate gender variable
  sex <- sample(c("male", "female"), size = 1000, replace = TRUE, prob = c(0.6, 0.4))
# Generate age variable
  age <- sample(c(0:80), size = 1000, replace = TRUE)
# Generate fare variable
  fare <- rnorm(1000, mean = 50, sd = 20)
# Generate embarked variable
  embarked <- sample(c("C", "Q", "S"), size = 1000, replace = TRUE, prob = c(0.2, 0.1, 0.7))
# Combine the variables into a data frame
  data <- data.frame(PassengerID = passenger_ids, Survived = survived, Pclass = pclass,
                     Sex = sex, Age = age, Fare = fare, Embarked = embarked)
# Print the first few rows of the data frame
  print(head(data))
```

Now that we have our sample dataset, we can perform some basic analysis.
Let's calculate the survival rate based on passenger class:

```R
# Calculate survival rate for each passenger classSure! Here's the continuation
  of the code to calculate the survival rate based on passenger class:
```

```R
# Calculate survival rate for each passenger class
  survival_rate <- aggregate(Survived ~ Pclass, data, function(x) mean(x) * 100)
# Print the survival rate
  print(survival_rate)
```

This code uses the `aggregate()` function to calculate the mean of the `Survived`
variable for each unique value of `Pclass`. The `function(x) mean(x) * 100`
calculates the mean and multiplies it by 100 to get a percentage value.

You can add additional analysis or visualizations based on your specific requirements using base R functions or packages like ggplot2 for more advanced visualizations.

Please note that this is just a basic example to get you started with analyzing a Titanic survival dataset in R. Depending on the complexity of your data and the analysis you want to perform, you might need to use more advanced techniques and models.

- 챗GPT에 예측 유지 관리(예지 정비) 데이터 세트에 대한 분석을 R 언어로 작성하도록 질문해 보도록 한다.

```R
> cat(ask_chatgpt("Create a sample predictive maintenance dataset and write
  base R code to analyze it."))
*** ChatGPT input:
Certainly! Here's an example of how you can create a sample predictive
maintenance dataset in R and perform some basic analysis on it:
```R
# Load required packages
library(tidyverse)
# Create the dataset
set.seed(123)      # Set seed for reproducibility
# Generate random timestamps
timestamp <- seq(as.POSIXct("2023-01-01 00:00:00"), as.POSIXct("2023-01-07
23:59:59"), by = "hour")
# Generate random sensor data
sensor_data <- tibble(
  Timestamp = sample(timestamp, 500, replace = TRUE),
  Sensor1 = rnorm(500, mean = 10, sd = 3),
  Sensor2 = rnorm(500, mean = 20, sd = 5),
  Sensor3 = rnorm(500, mean = 15, sd = 4),
  Sensor4 = rnorm(500, mean = 5, sd = 2)
)
# Generate random failure indicator
  sensor_data$Failure <- ifelse(sensor_data$Sensor1 > 15 | sensor_data$Sensor2 > 25 |
  sensor_data$Sensor3 > 20, 1, 0)
# View the dataset
  print(sensor_data)
# Summary statistics
summary(sensor_data[, -1])    # Exclude the Timestamp column
```
```

```
# Plot sensor data over time
  ggplot(sensor_data, aes(x = Timestamp, y = Sensor1)) +
  geom_line() +
  labs(x = "Timestamp", y = "Sensor1")
# Count the number of failures
  failure_count <- sum(sensor_data$Failure == 1)
  cat("Number of failures:", failure_count, "\n")
# Calculate the failure rate
  failure_rate <- failure_count / nrow(sensor_data)
  cat("Failure rate:", failure_rate, "\n")
# Group by day and calculate failure rate
  sensor_data$Date <- as.Date(sensor_data$Timestamp)
  failure_by_day <- sensor_data %>%
  group_by(Date) %>%
  summarize(failure_rate = mean(Failure))
  print(failure_by_day)
```

In this example, the dataset contains columns such as Timestamp, Sensor1, Sensor2, Sensor3, and Sensor4 representing sensor readings, as well as a Failure column indicating whether a failure occurred (1) or not (0) based on certain conditions.

The code generates random sensor data and failure indicators. It then calculates summary statistics, plots the Sensor1 data over time using ggplot, counts the number of failures, and calculates the failure rate. Finally, it groups the data by day and calculates the failure rate for each day.

Feel free to modify the code or dataset according to your requirements.

- 챗GPT에 kaggle MNIST 데이터 세트에 대해 CNN을 사용하여 숫자를 분류하는 R 언어 스크립트를 작성하도록 질문해 보도록 한다.

```
> cat(ask_chatgpt("Write a r language script that classifies digits using a
  CNN for the kaggle MNIST dataset."))
*** ChatGPT input:
Certainly! Here's an example of an R script that uses a convolutional neural
network (CNN) to classify digits in the Kaggle MNIST dataset:
```R
# Load required libraries
```
```

```r
library(keras)
library(tensorflow)
# Load the MNIST dataset
mnist <- dataset_mnist()
x_train <- mnist$train$x
y_train <- mnist$train$y
x_test <- mnist$test$x
y_test <- mnist$test$y
# Preprocess the data
x_train <- array_reshape(x_train, c(dim(x_train)[1], 28, 28, 1))
x_test <- array_reshape(x_test, c(dim(x_test)[1], 28, 28, 1))
x_train <- x_train / 255
x_test <- x_test / 255
# Convert labels to categorical
y_train <- to_categorical(y_train, 10)
y_test <- to_categorical(y_test, 10)
# Define the CNN model
model <- keras_model_sequential()
model %>%
layer_conv_2d(filters = 32, kernel_size = c(3, 3), activation = 'relu',
              input_shape = c(28, 28, 1)) %>%
layer_max_pooling_2d(pool_size = c(2, 2)) %>%
layer_conv_2d(filters = 64, kernel_size = c(3, 3), activation = 'relu') %>%
layer_max_pooling_2d(pool_size = c(2, 2)) %>%
layer_flatten() %>%
layer_dense(units = 64, activation = 'relu') %>%
layer_dense(units = 10, activation = 'softmax')
# Compile the model
model %>% compile(loss = 'categorical_crossentropy', optimizer = optimizer_adam(),
                metrics = c('accuracy')
)
# Train the model
model %>% fit(x_train, y_train, epochs = 10, batch_size = 128)
# Evaluate the model
loss_and_metrics <- model %>% evaluate(x_test, y_test, verbose = 0)
cat("Test accuracy:", loss_and_metrics[2], "\n")
```

```
# Make predictions on test data
  predictions <- model %>% predict_classes(x_test)      # 수정 필요
# Display a few predictions
  cat("Predictions:", predictions[1:10], "\n")
  cat("Actual labels:", mnist$test$y[1:10], "\n")
```
Make sure you have the keras package installed in R, which you can install using the following command: install.packages("keras").

This script loads the MNIST dataset using the dataset_mnist() function from the keras package. It then preprocesses the data by reshaping the images and normalizing the pixel values. The labels are converted to categorical format.

Next, a CNN model is defined using the keras_model_sequential() function. The model consists of convolutional layers, max pooling layers, a flatten layer, and dense layers. The model is then compiled with a suitable loss function, optimizer, and metrics.

The model is trained on the training data using the fit() function, and the accuracy is evaluated on the test data using the evaluate() function. Finally, some predictions are made on the test data and compared with the actual labels.

You can run this script in an R environment to train and evaluate the CNN model for digit classification using the Kaggle MNIST dataset.

챗GPT를 활용하여 AI가 작성한 자기 계발서《삶의 목적을 찾는 45가지 방법》가 편찬되어 나오고 있으며, 주로 영문으로 작성되어 있기 때문에 Deepl, 파파고, 구글, 셔터스톡 등으로 작업하여 나오고 있는 추세이다. 또한, 미국 변호사가 법원에 내는 서류 준비 과정에서 챗GPT를 사용해 작성한 인용문 6건의 판례가 실제론 존재하지 않은 '거짓 판례'로 인하여 법원으로부터 벌금 제재를 당하기도 하였다.

이러한 챗GPT를 사용해 보면 답을 찾는 것에 특화되어 있기 때문에 문제를 제기하고, 콘셉트를 만들어 질문을 잘하는 것이 매우 중요시될 것이다. 게다가 질문을 하기 위해서 기계가 아니라 사람을 이해하고 철학적 사고로 접근해야 하다 보니 보다 심도 있는 생각을 하기 위해서 독서와 사색의 필요성이 더욱더 중요시될 것이라고 생각된다. 답변은 AI에 맡기고 질문에 대한 중요도가 점점 중요시되는 세상이 도래하고 있다.

[참고 문헌 및 웹 사이트]

참고 문헌

- (사)한국소프트웨어기술인협회 「빅데이터 전략연구소 빅데이터 개론」, 박문각(주), 2021
- 오세종 외 1명, 「난생 처음 R코딩 & 데이터 분석」, 한빛아카데미(주), 2020
- 조민호, 「R데이터 분석 머신러닝」, 정보문화사, 2020
- 양윤석 외 2명, 「R로 배우는 데이터 과학」, 한빛아카데미(주), 2020
- 스즈키 마사유키, 「R로 하는 다변량 데이터 분석」, 한빛아카데미(주), 2020
- 과학기술정보통신부(2018)
- 나형배 외 2명,「스마트공장개론」, 청람, 2020
- 한국행정연구원, 정부3.0실현을 위한 빅데이터 활용방안
- 시사저널, 조유빈 기자, 인간 vs AI(인공지능) 대결, 스코어는 4:1

웹사이트

- https://data.kma.go.kr/climate/RankState/selectRankStatisticsDivisionList.do
- https://www.kaggle.com/code/koheimuramatsu/cnc-milling-machine-tool-wear-detection/data
- https://www.data.go.kr/index.do
- https://ko.wikipedia.org/wiki튜링_테스트
- https://blogs.nvidia.co.kr/2016/08/03/difference_ai_learning_machinelearning/
- http://blog.naver.com/PostView.nhn?blogId=datageeks&logNo=220904492918&parentCategoryNo=&categoryNo=20&viewDate=&isShowPopularPosts=true&from=search
- https://www.airkorea.or.kr/web/sidoQualityCompare?itemCode=10008&pMENU_NO=102
- https://pmpaspeakingofprecision.com/tag/crater-wear/
- https://tensorflow.rstudio.com/tutorials/keras/classification
- https://ko.wikipedia.org/wiki/ChatGPT
- https://www.deepl.com/translator#en/ko/knowledge%20cutoff
- https://github.com/jcrodriguez1989/chatgpt
- https://www.codestates.com/blog/content/gpt4-%EC%B6%9C%EC%8B%9C

[사진 및 자료 출처]

- [그림 I-1-1] : https://scienceon.kisti.re.kr/srch/selectPORSrchReport.do?cn=TRKO201400012295
- [그림 I-1-4] : https://www.kenews.co.kr/mobile/article.html?no=11548
- [그림 I-1-5] : https://news.sbs.co.kr/news/endPage.do?news_id=N1003880988
- [그림 I-1-9] : https://www.sisajournal.com/news/articleView.html?idxno=165138
- [그림 I-1-10] : https://medium.com/swlh/artificial-intelligence-machine-learning-and-deep-learning-whats-the-real-difference-94fe7e528097
- [그림 II-1-5] : https://commons.wikimedia.org/wiki/File:Kosaciec_szczecinkowaty_Iris_setosa.jpg
- [그림 II-1-5] : https://commons.wikimedia.org/wiki/File:Iris_versicolor_3.jpg
- [그림 II-1-5] : https://beechhollowfarms.com/shop-native-plants/iris-virginica/
- [그림-III-2-1] : https://data.kma.go.kr/climate/RankState/selectRankStatisticsDivisionList.do
- [그림-III-2-2] : https://github.com/tidyverse/ggplot2/blob/main/man/figures/logo.png
- [그림-IV-2-1] : https://www.ontotext.com/knowledgehub/fundamentals/dikw-pyramid/
- [그림-IV-2-10] : https://namu.moe/w/%EB%B2%94%EC%9A%A9%EB%B0%80%EB%A7%81
- [그림-IV-2-11] : https://kr.metrol-sensor.com/products/tool-setter/
- [그림-IV-2-12] : http://www.dienmold.com/bbs/board.php?board=dienmoldnewsbuss&body_only=y&button_view=n&command=body&no=42
- [그림-IV-2-13] : https://www.hellot.net/news/article.html?no=40674
- [그림-IV-2-13] : https://pmpaspeakingofprecision.com/tag/crater-wear/
- [그림-IV-2-14] : http://scielo.sld.cu/scielo.php?script=sci_arttext&pid=S1993-80122017000100005&lng=es&nrm=iso
- [그림-IV-2-15] : http://jmacheng.not.pl/Investigation-of-notch-wear-mechanisms-in-the-machining-of-nickel-based-Inconel-718,131821,0,2.html
- [그림-V-1-2] : https://www.rcesystems.cz/portfolio-item/dehazing/
- [그림-V-1-2] : https://kr.mathworks.com/help/images/low-light-image-enhancement.html
- [그림-V-1-3] : https://ko.wikipedia.org/wiki/HSV_%EC%83%89_%EA%B3%B5%EA%B0%84#
- [그림-V-2-1] : https://jeroen.github.io/images/unconf18.jpg

- [표 I-9] : http://itwiki.kr/w/퍼셉트론

R로 쉽게 시작하는 빅데이터 분석

| 2023년 | 8월 22일 | 1판 | 1쇄 | 인 쇄 |
| 2023년 | 8월 30일 | 1판 | 1쇄 | 발 행 |

지 은 이 : 이안용 · 박은수

펴 낸 이 : 박   정   태

펴 낸 곳 : **주식회사 광문각출판미디어**

10881
파주시 파주출판문화도시 광인사길 161
광문각 B/D 3층
등   록 : 2022. 9. 2 제2022-000102호
전 화(代) : 031-955-8787
팩   스 : 031-955-3730
E - mail : kwangmk7@hanmail.net
홈페이지 : www.kwangmoonkag.co.kr

ISBN : 979-11-93205-03-7   93560

값 : 24,000원

※ 교재와 관련된 자료는 광문각 홈페이지
자료실(www.kwangmoonkag.co.kr)에서
다운로드 할 수 있습니다.

한국과학기술출판협회
Korean Science & Technology Publisher Association